Daniel Ydegaard
Torbjørn Ydegaard

Lejrskole på Læsø

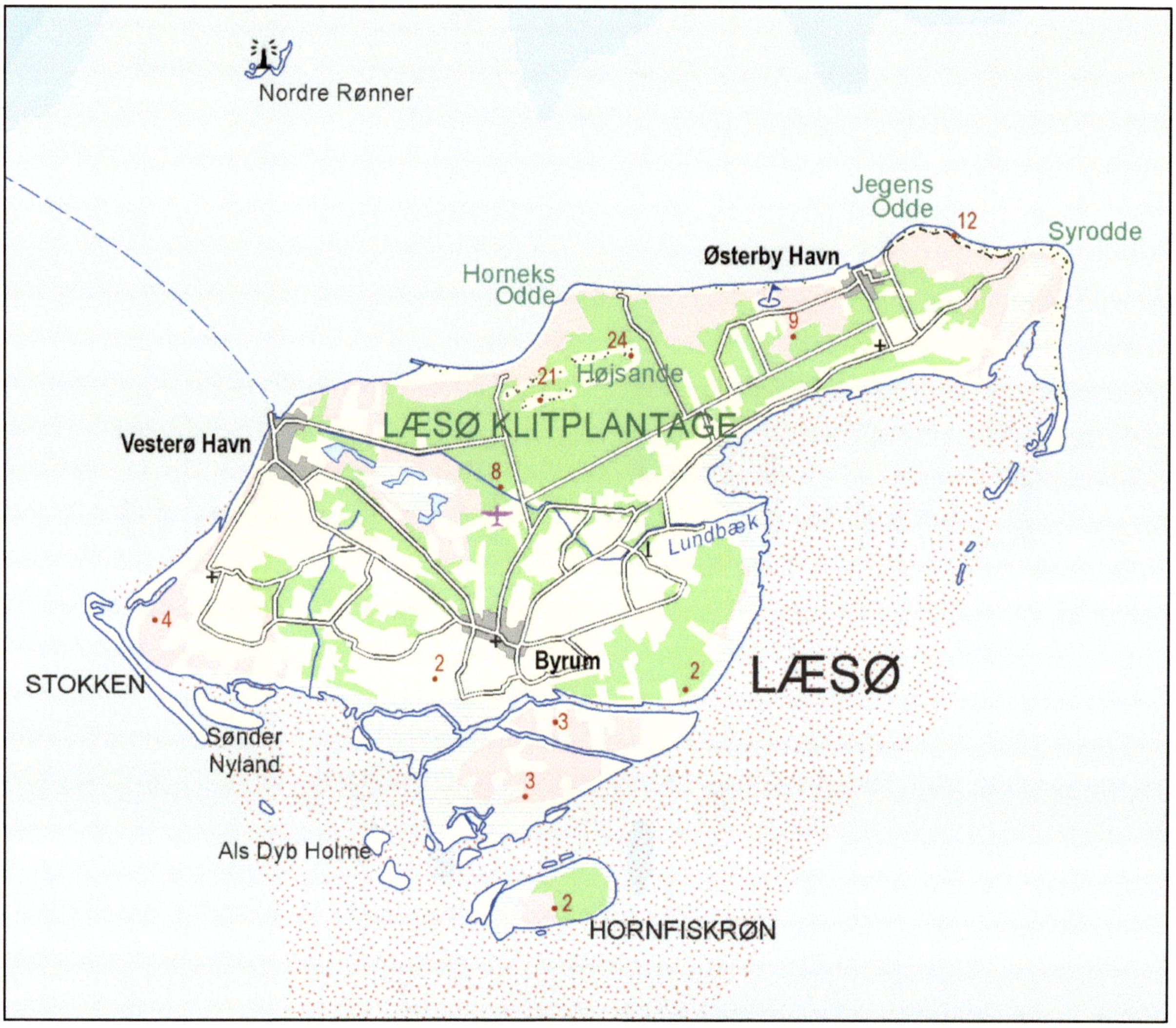

Forlag: BoD – Books on Demand, Hellerup, Danmark
Tryk: BoD – Books on Demand, Norderstedt, Tyskland
ISBN: 9788743033936

Indhold

Pædagogiske overvejelser

Et lejrskoleophold på Læsø giver mulighed for at arbejde både monofagligt og tværfagligt med kompetenceområder og -mål i fagene biologi, geografi, historie og samfundsfag. Formålet med denne bog er således at bygge op til en samlet lokalbeskrivelse, hvor vekselvirkningen mellem naturforhold og menneskelig aktivitet samtænkes. Hensigten er, at eleven 1) ser og forstår sammenhængen i dette vekselvirkningsforhold og 2) får en forståelse for at både natur og samfund udvikler sig over tid – og en forståelse for hvordan det sker.

Tanken er, at lejrskoleopholdet munder ud i en lokalbeskrivelse for et af eleven selvvalgt tidspunkt i historien.

Så hvor bogen tegner et historisk længdesnit for henholdsvis natur og samfund, skal eleven lave et tværsnit for et givet tidspunkt. Men tværsnittet forudsætter forståelse for længdesnittet, for den kontekst og baggrund det er en del af, og hvilken retning udviklingen derfra tager.

Samlæser man de nævnte fags formålsparagraffer, kan man se, at de i stk. 1 taler om henholdsvis naturfaglige komponenter i forståelsen af verden, i den historiske sammenhængsforståelse og om en reflekteret stilling til samfundsudviklingen. At tage den historiske tilgang til omskifteligheden i den læsøske natur og dens gensidige vekselvirkning med Læsøboernes liv og færden giver mulighed for refleksion over nutidens samfund og de udfordringer vi og de kommende generationer står overfor.

Formålsparagraffernes stk. 2 taler om metodiske tilgange til stoffet. Det drejer sig om iagttagelse og undersøgelse i naturfagene, om analyse og vurdering af historiske sammenhænge og problemstillinger i historiefaget og endelig om kritisk tænkning omkring vekselvirkningen mellem individ og samfund i samfundsfag.

Et lejrskoleophold bør kendetegnes ved *hands on*-undervisning, hvor eleverne oplever og erkender sammenhænge i deres konkrete kontekst. Gennem forslag til øvelser og opgaver giver denne bog ideer til, hvordan det konkrete kan omsættes til praktiske læringssituationer.

Endelig retter fagformålenes stk. 3 blikket ud i samfundet og taler om forståelse for naturvidenskaben som et kulturelement og om bæredygtighed, om de historieskabte livsvilkår og samfund og om egen deltagelse i det åbne samfunds demokratiske processer. Den afsluttende opgave i egnsbeskrivelse for et vilkårligt årstal har netop til hensigt at udfolde lejrskoleopholdets erfaringer og binde de forskellige fag sammen til et hele.

Bogen består af en række faktatekster og tilhørende opgaver – benævnt F og O i indholdsfortegnelsen.

Målgruppen for *Lejrskole på Læsø* er folkeskolens ældste klasser.

'Film skal ses i biografen og Læsøs farver skal ses på Læsø'. Derfor er dette hæfte stort set i sort/hvid.

Faktatekst 1: Læsøs tilblivelse

Istider og mellemistider har altid afløst hinanden. Den sidste istid begyndte for 110.000 år siden. De sidste 40.000 års landskabshistorie ser for Læsøs vedkommende nogenlunde således ud (tidsangivelserne er i år fra nu):

20-40.000

- Det sidste store isfremstød mod slutningen af sidste istid presser isen frem gennem den nuværende Østersø.
- Foran isfronten findes et ishav, *Yoldiahavet*, hvor afslebne sedimenter bundfælder sig og pakker sig til ler.
- Isfremstødet fortsætter frem til hovedopholdslinjen ned gennem Østjylland. Vægten af 2 km is trykker leret meget fast sammen.

15.000-11.600

- Klimaet bliver mildere, isen smelter og fronten trækker sig tilbage mod øst.
- Landet stiger da isens tryk er borte.
- Havet stiger dog hurtigere som følge af afsmeltningen, og der hvor Læsø nu ligger opstår et hav, hvor nye sedimenter kan bundlejre sig.
- Isfjelde, der kælver fra isfronten langs den svenske og norske kyst, bringer sten, grus og sand med sig.
- De store sten, vi i dag finder på Læsø – tydeligst ude på Rønnerne – er bragt hertil med isfjeldene.

11.600

- De store isopdæmmede smeltevandssøer – Østersøen i Skandinavien og de Store Søer på grænsen mellem USA og Canada – bryder gennem isbarriererne.
- Enorme mængder ferskvand strømmer ud i Nordatlanten og lægger sig over det tungere saltvand og den lune Golfstrøm.
- Det bremser klimaopvarmningen for en tid.

11.600-8.000

- Med den bremsede afsmeltning af isen, ophører havstigningen.
- Landet fortsætter med at hæve sig.
- Derved opstår et fastland, der dækker hele det nuværende Danmark inklusive Læsø, samt store dele af Nordsøen, Kattegat og de indre farvande.
- Østersøen afvandes via en flod gennem det nuværende Storebælt.
- Landet er skovklædt og beboet af nogle af stenalderens tidlige rensdyrjægere.

8.000-6.300

- En ny global opvarmning indtræder.
- Den sætter igen gang i afsmeltningen fra gletsjerne overalt på kloden.
- Havet begynder igen at stige. Det stiger hurtigere end landet, og stenalderhavet – *Litorinahavet* – oversvømmer de laveste dele af det store fastland.
- Læsø bliver til nogle få og små holme langt til søs.

6.300-4.900

- Litorinahavet når sit højeste niveau – 12-13 meter relativt over nuværende havniveau.
- På bunden af Litorinahavet lægger der sig et tykt lag sand.

4.900

- Afsmeltningen stabiliserer sig og havstigningen stopper. Landhævningen fortsætter, og omkring nogle af Læsø-stenrevene kan der dannes marint forland.
- Det sker i den nuværende centrale del af Plantagen, der hvor Læsø-stenen med indskriften *Her fødtes Læsø af havet* står – 10 meter over nuværende havniveau.
- Øen er dækket af en lysåben skov af primært taks, birk og pil.

4.500

- Omkring det nuværende Byrum sker tilsvarende kystdannelser, der vokser mod nord og nordvest med strandvolde langs den nuværende Doktorvej og landevejen mod Vesterø.

4.000

- Der danner sig en 7 km lang odde fra den nordlige ø mod øst. Den bliver med tiden til Østerby-halvøen.

3.000

- De to øer vokser sammen, omtrent der hvor flyvepladsen ligger i dag.
- Materialerne til kystdannelserne har indtil dette tidspunkt været taget fra landskaberne fra istiden og fastlandsperioden. Kun de store sten er efterladt og dannede de stenrev, der blev til Læsø. Synlige stenrev i dag er Ndr. Rønner, de store sten øst for Thorvaldsens Tårn, Horneks Odde og Engelskmandens Grav på Hornfiskrøn.
- Birk er dominerende skovtræ, nu også med indslag af eg og den særlige Læsøfyr.

2.500 til nu

- Den fortsatte tilvækst sker nu med sand fra havbunden.
- Sydvesten dannes af lange krumodder, af samme type som Stokken, med saltvandslaguner, der på et tidspunkt afskæres fra havet og bliver ferske.
- Syd for den lange odde mod øst dannes der kontinuerligt nyt marint forland ned mod det nuværende Bovet og ud mod Syrodde og Bløden Hale.
- Bløden Hale er stadig meget dynamisk og forandringer kan ses fra år til år.

2.000

- De sidste rester af istidslandskabet er eroderet ned af havet. Tilbage er det 1.700 km^2 store flak, der strækker sig fra Nordre Rønner ned til Læsø og fra syd- og sydøstkysten flere kilometer ud i havet.

1.000

- Dannelsen af Rønnerne begynder som småøer omkring de mange store sten i det lavvandede område.

900

- Hornfiskrøn opstår omkring den stensætning, der i dag kaldes Engelskmandens Grav. Øen vokser konstant mod øst.

Nutiden

- I Vendsyssel har landhævningen efter sidste istid været på 1,5 mm per år. På Læsø er den 2,3 mm pga. den manglende vægt af det bortvaskede istidslandskab.

Opgave 1: Den gamle kystlinje
Opgave 2: Bansten og andre store sten

Opgave 1: Den gamle kystlinje

Geografisk modelleringskompetence

Jf. Faktatekst 1: Læsøs tilblivelse

Ved vejene, der går syd ud af Byrum, kan du opleve kystlinjen mellem den oprindelige sydøs kyst og det nyere land mod syd.

- Tegn en højdeprofil for kystlinjen.
- Hvor stor er højdeforskellen mellem det nye og det gamle land?

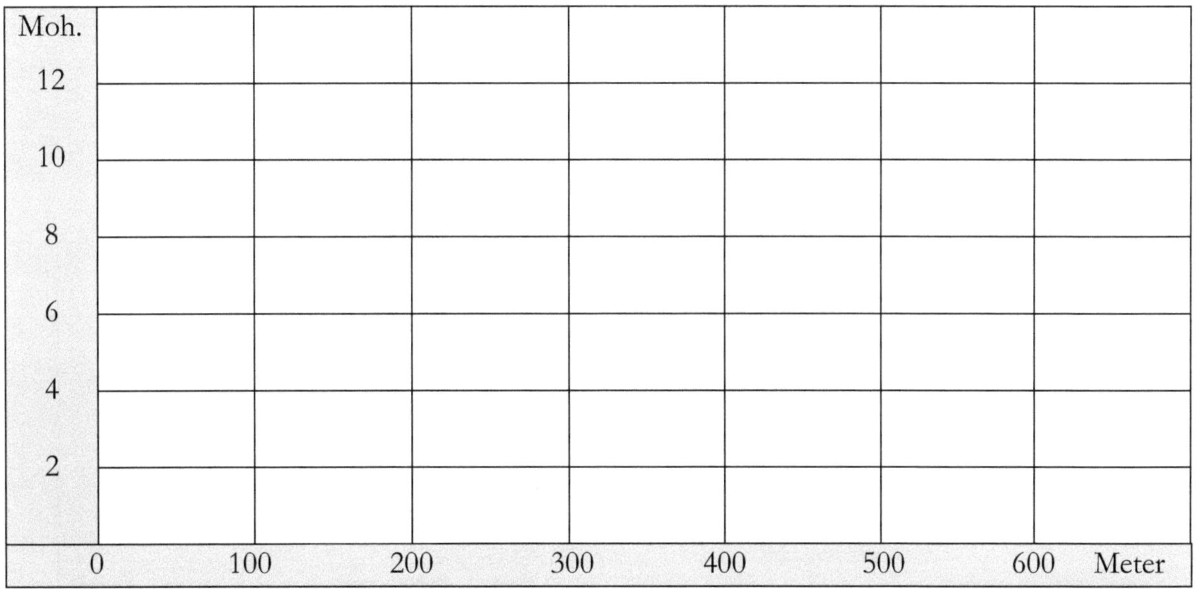

Opgave 2: Bansten og andre store sten

Historisk kildearbejde
Geografisk modelleringskompetence

Jf . Faktatekst 1: Læsøs tilblivelse

Grüner Nielsen (1924) skriver:

Da Hals Kirke blev bygget, var der en Jætte i Skaane, som blev vred derover og kastede 3 store Sten efter Kirken. Den første Sten kom for langt, den kom på Fiske-røn, det er Øgelstenen. Den næste Sten, Baandstenen, kom for lidt ud, den faldt på Nordsiden uden for Krimandsdal. Den tredje Sten er Halfarstenen i Bovet.

Det Nielsen kalder Baandsten, hedder i dag Bansten. En mindre sten indenfor Bansten, Bette Bansten, har en hulning på toppen, hvori der ofte står vand. Hulningen skal ifølge folkemindet være skabt i 1840'erne af en skævrygget lærer fra Hals. Under en stranding skal han have holdt en prædiken og anråbt Gud om nåde for staklerne på søen, de syge, de vanføre og de pukkelryggede. Da en af tilhørerne råbte, at han havde glemt de skæve, blev han gal og slog knytnæven i stenen, så hulningen opstod.

Myter og sagn er én måde at beskrive og forklare naturfænomener på.

- Hvorfor oplevede man dengang et behov for den slags forklaringer?

Videnskaben har en anden måde at beskrive og forklare fænomenerne på. De store sten, siger videnskaben, er fragtet hertil med isen under sidste istid.

- Illustrer med en række tegninger, hvilke bevægelser i isen, der gør det muligt at fange de store sten, fragte dem over lange afstande og kaste dem igen.

Faktatekst 2: Landskaberne på Læsø

Landskabsmæssigt er Læsø delt i flere let genkendelige områder. Det ældste og højest liggende plateau, trekanten mellem Vesterø Havn, Byrum og nordkysten var tidligere dækket af flyvesand og hedestrækninger. Nu er store dele tilplantet med nåleskov. Og rundt om plantagen springer heden i skov ved selvsåning. Det er også indenfor plateauets trekant, man finder naturperler som Kærene og Højsande.

Syd for plateauet og et par meter lavere strækker en bræmme opdyrket jord sig, med spredte gårde og marker. Det er her øens befolkning bor.

Uden om landbrugsarealerne, derude hvor havet gør sin indflydelse gældende, ligger heden, der gradvist går over i mere fugtige strandenge som mod syd opløses i en række større og mindre øer og holme, de såkaldte rønner.

Læsø vokser. Øen hæver sig stadig efter istidens tryk. Det betyder, at det lave vand mod syd hele tiden bliver lavere og at nye rønner dannes. Det sker når *kveller* og *annelgræs* slår rod og holder på sandet. Senere kommer der andre planter til og sandet bliver til land, der er tørt det meste af tiden.

Havet flytter også rundt på Læsø – eller i hvert fald på sandet rundt om øen. Stokken, helt ude i sydvest, dukkede op af havet for 90 år siden. Da de store Elsam-master blev ført over øen i 1960'erne, satte man et sømærke på Stokken, så fiskerne kunne se hvor havkablet til Jylland løb. Siden har Stokken bevæget sig godt 300 meter nærmere land, så sømærket er nu forsvundet i havet.

Stokken

Længe havde Stokken været en øde og meget lidt besøgt ø på trods af de fine strande og lune klitter. Men dengang var turisternes antal færre, og de der kom, søgte andre steder hen. Første gang jeg selv var derovre, må have været i sommeren '63 eller '64. En gammel onkel i familien havde et lille fiskerhus bygget ned i klitterne mellem hjælm og marehalm. Det ville han vise os andre. Det blev lidt af en familieudflugt; bedsteforældre og gamle tanter, børn, forældre og madkurve blev stuvet sammen i et par joller og staget over det lave vand. Undervejs havde vi en lille redningsaktion gående, for et par turister var på vej fra Vester Nyland til Stokken, uvidende om den dybe strøm, der adskiller øerne. Men vi fik dem da på ret kurs.

Dagens clou var forevisningen af en meget omtalt vinkælder i fiskerhytten; en lille fordybning i sandgulvet, lige akkurat stor nok til to flasker sodavand – onklen var jo afholdsmand!

Den opfindsomme onkel havde for øvrigt også fundet ferskvand på Stokken. Han havde ganske enkelt stukket et rør ned i sandet, ned til grundvandet lige over Yoldia-leret. Med en hævert havde han frisk vand til kaffen, og kunne leve en Robinson Crusoe-tilværelse alene på Stokken adskillige dage i træk.

Siden blev den 3-4 kilometer lange Stokken et af vores foretrukne badesteder.

Opgave 3: Det centrale plateaus gamle strandvolde

Opgave 3: Det centrale plateaus gamle strandvolde

Geografisk modelleringskompetence

Jf. Faktatekst 2: Landskaberne på Læsø

Hvis du på cykel kører fra Byrum mod nord ad Doktorvejen og Storedalsvejen, kan du fornemme selv den mindste stigning i landskabet – og dermed også de to oprindelige øer og hvor de voksede sammen.

- Tegn en højdeprofil for turen, med afstanden ud af X-aksen og højden over havet op ad Y-aksen.
- Forklar de processer, der har skabt dette landskab.

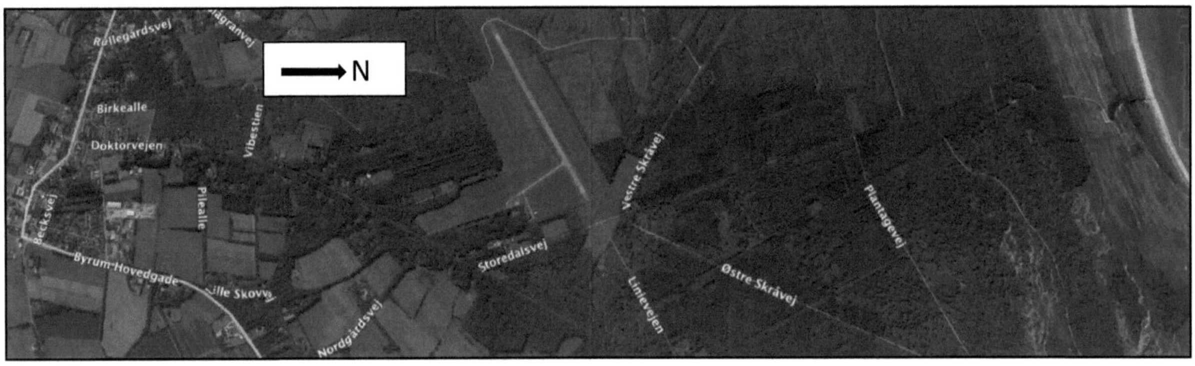

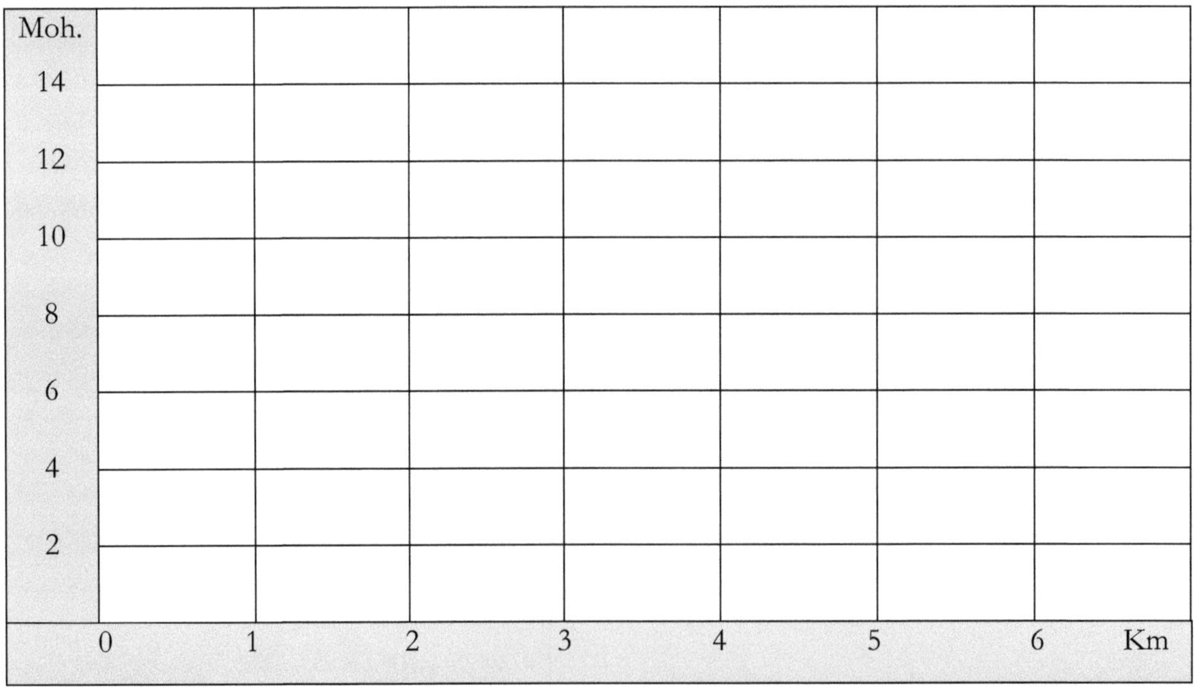

Faktatekst 3: Vejret på Læsø

Læsø ligger sammen med resten af Danmark i det fugtigt-tempererede vestenvindsbælte, der giver milde vintre og behagelige somre. Som sådan minder Læsø om resten af landet. Dog er der visse naturgivne forhold, der giver variationer i forhold til normalen. Da havvandets temperatur ændrer sig med en vis træghed i forhold til luftens, vil forårsmånederne ofte være lidt køligere på Læsø sammenlignet med andre steder i landet. Omvendt er de sene efterårsmåneder tilsvarende lunere.

De store vejrsystemer fra vest, der ofte giver nedbør i resten af landet, er ofte mildere stemt mod Læsø. Øen ligger nemlig i "skygge" af de norske fjelde, som vindene må passere op over, og hvor de afgiver meget af deres væde. Samtidig er øen så lav, at vindene ikke presses op og afkøles, når de stryger hen over den. De afgiver derfor ofte ingen fugtighed over øen. Faktisk har Læsø 15 % flere solskinstimer end landet i øvrigt.

Årstiderne er på grund af havets indflydelse godt to uger forsinkede på Læsø. Men ikke desto mindre er sommerens middeltemperatur lidt højere her end de fleste andre steder i landet, nemlig i overkanten af 17° C.

Opgave 4: Vejrudsigten
Opgave 5: 'Skyggen' fra de norske fjelde

Opgave 4: Vejrudsigten

Geografisk undersøgelseskompetence

Jf. Faktatekst 3: Vejret på Læsø

- Sammenlign vejrudsigten for Læsø, de dage du er på øen, med det aktuelle vejr du selv oplever. Skriv vejrudsigterne og dine egne observationer ind i skemaet.
- Kan du ved hjælp af teksten fra *Faktatekst 3 Vejret på Læsø* forklare det vejr, du oplever på Læsø?

Dato	Vejrudsigt	Dine observationer

Opgave 5: 'Skyggen' fra de norske fjelde

Geografisk undersøgelseskompetence

Jf. Faktatekst 3: Vejret på Læsø

Læsø ligger i 'skyggen' af de norske fjelde, siger man. Fjeldene skaber det, der kaldes føhn. Fugtig luft presses op over fjeldene og falder ned på den anden side.

- Forklar på nedenstående model, der er et højdesnit på en linje fra nordvest til sydøst hen over Norge og Læsø, hvad der sker, når der skabes føhn-vejr.

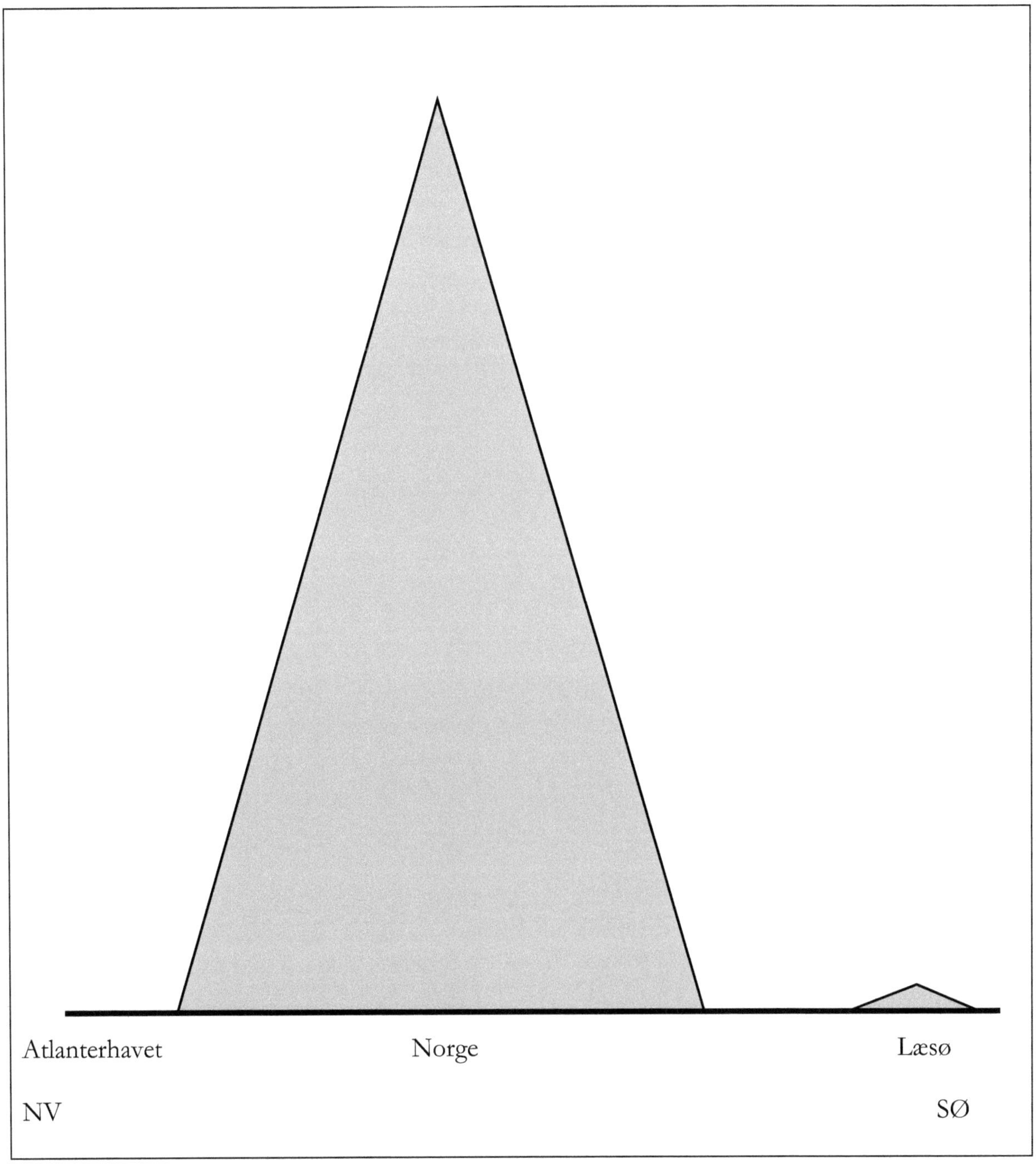

Faktatekst 4: Kystens plantesamfund

Læsø udmærker sig ved to vidt forskellige kysttyper: strandengene mod syd og klitterne mod nord.

Klitterne

Klitterne finder man især syd for Vesterø Havn, mellem Holtemmen og Storedal, omkring Hvide Bakker og fra Danzigmand over Syrodde og sydpå.

På selve sandstranden dominerer og de hårdføre *strand-kvik* og *marehalm.*

Hvor klitterne bliver højere, må planterne øge deres rodnet for at nå ned til grundvandet. Samtidig udvasker regnvandet næringsstofferne fra jorden. *Sand-hjælmen* bliver mere dominerende. Det er de såkaldte 'hvide klitter', hvor sandet tydeligt ses og hvor blæsten endnu kan få tag og flytte rundt med det lette materiale.

Længere inde kommer de 'grå klitter'. Jorden er her grundigt udvasket og karrig, men samtidig mere beskyttet mod vinden fra havet. Et samlet plantedække, overvejende af *rensdyrlav*, beskytter mod sandflugt.

Fra den grå klit går kysten over i klithederne med *revling* og *hedelyng* som karakterplanter.

Strandengene

Langs de lavvandede områder mod syd får kysten et helt andet præg; vidtstrakte strandenge og flade øer går umærkeligt over i et vadehavslignende havområde – fjæren. Denne strækker sig adskillige kilometer ud i havet og bliver sjældent dybere end 20-30 centimeter.

På disse strandenge, der mærkes af det salte havvand, bliver vegetationen en helt anden end i klitterne længere mod nord på øen. Yderst ude er det *annelgræsserne* og *hindebæger*, der dominerer, mens man længere inde finder planter som *kilebæger*, *kokleare*, den sjældne *spidshale* og, længst inde, *engelskgræs.*

Rønnerne

Strandengene fortsætter ud over Rønnerne, der nok er det mærkeligste af de læsøske landskaber. Rønnerne er de nyeste og laveste dele af Læsø. De er dukket op af havet ganske sent, og vokser endnu – sand aflejres med hav og strøm, og selve landjorden hæver sig.

En *røn* er et gammelt dansk ord for en stengrund. Og sten er der mange af; den største samling af store sten i Danmark. De er fragtet hertil med isen. Særligt ude i fjæren vest for Rønnerne finder man mange sten.

Oprindeligt lå Rønnerne træløse hen, som vidder af lyng og græs. Men op gennem forrige århundrede er der plantet en del fyr derude. Den ændrede opfattelse af landskabsplejen betyder dog, at man nu gør meget for at føre Rønnerne tilbage til det oprindelige, skovløse udseende. Kun enkelte lunde får lov at stå urørt tilbage, ellers fældes det meste træ. Rønnerne er i dag naturfredet.

Selvom Rønnerne ved første øjekast er helt dækket af lyng og græs, finder man mange interessante planter derude. De insektædende *vibefedt* og *soldug* er nogle af dem, dværggræsset *spidshale* en anden. Ellers finder man *gul snerre*, også kaldet *Jomfru Maria Sengehalm*, spæde *tormentiller* og *potentiller* og stærkt duftende *strandmalurt* og *porse* til kryddersnapsen.

Hornfiskrøn er den sydligste af rønnerne. Den ligger mere selvstændigt end de andre rønner, adskilt fra dem af den brede Hornfiskrønsflod. Sommeren igennem er store dele af floden dog så lavvandet, at det er ikke noget problem at vade over den.

Floden bliver synligt mindre og mindre med årene. Landhævning og tilsanding skaber nye småholme, hvor der før var hav. Når først den hårdføre kveller får slået rod, holder den ydderligere på sandet, og holmen vokser. Når holmen så store dele af året er oven vande, indvandrer hindebægeren. Sidst i juli trækker den sit violette tæppe af blomster over de mange øer i floden og forlener landskabet med en egen farvestemning.

Syd for Hornfiskrøn strækker fjæren sig adskillige kilometer ud i havet, inden havkanten giver dybt vand. Om fjæren skriver birkedommer Bing i 1802, at der er *nogle dybe Huller, hvori om Foraaret inddrev med høi Søe en Mængde Hornfisk, som siden, naar Søen faldt, bleve staaende i Hullerne og taget af øeboerne deels med Hænder, og deels øst op med Skovler, af hvilken Aarsag Holmen skal have faaet sit Navn.*

I perioden mellem 1. maj og 15. juli er al færdsel vest for ebbevejen forbudt hensyn til de ynglende fugle. 680 km^2 vådområde omkring Rønnerne og de sydlige vader er fredet efter RAMSAR-konventionen om beskyttelse levesteder for vandfugle.

Opgave 6: Kystens plantesamfund

Hindebæger

Opgave 6: Kystens plantesamfund

Biologisk undersøgelseskompetence

Jf. Faktatekst 4: Kystens plantesamfund

- Tegn en højdeprofil fra vandkanten og 50-100 meter ind i landet.
- Registrer de planter, der vokser langs linjen.
- Forklar deres tilpasning til de givne livsbetingelser.

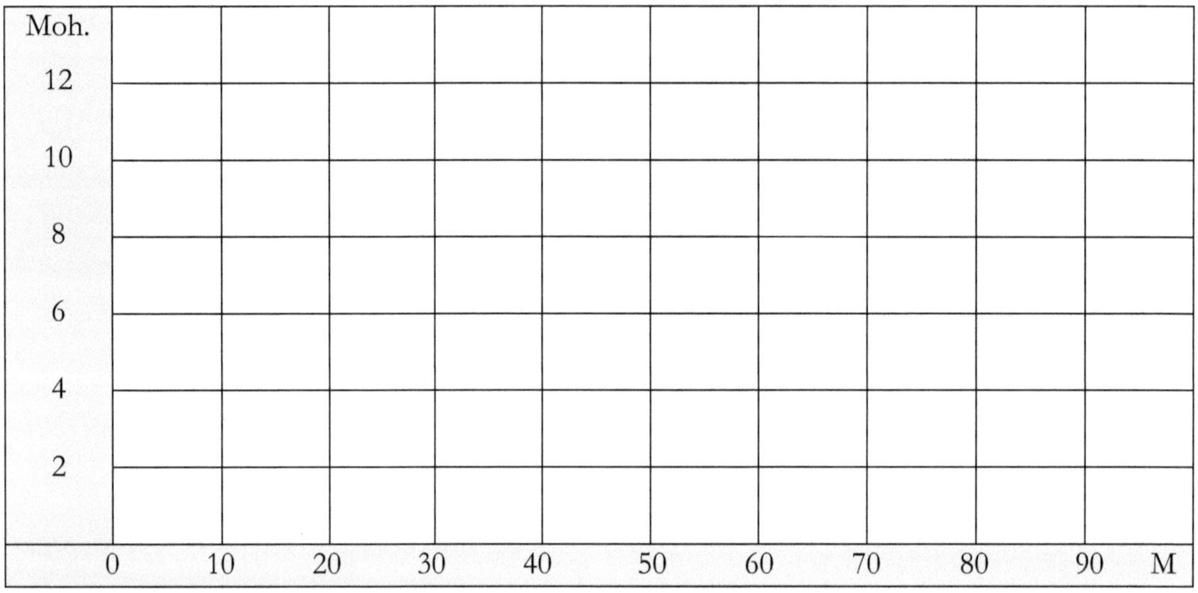

Faktatekst 5: Hedens plantesamfund

Hederne – hvor karakterplanterne *lyng* og *revling* er fremherskende – dækker store dele af Læsø, især nordkysten fra Holtemmen til Bløden Hale.

Elling kalder på sit kort fra 1786 hele den nordlige del af Læsø for *Den øde Mark*. Det var dengang sandflugten havde frit spil på øen og virkelig lagde store dele af den øde. Senere fik området omkring Hals Kirkeruin navnet Nordmarken. Ordet 'mark' skal her forstås som et område, der ikke dyrkes, men hvor dyrene kan græsse og hvorfra der kan hentes tørv. Nordmarken var længe det sidste større skovløse område efter sandflugten. Området omkring Vestre Kirkesig blev opdyrket i begyndelsen af 1900-tallet og en del træer plantet som læhegn.

Fra 1920'erne har staten opkøbt og beplantet store arealer nord for Byrum – det der er blevet til Plantagen. Derfra spreder træerne sig ud over de tilgrænsende arealer ved selvsåning.

Opgave 7: Hedens plantesamfund
Opgave 8: Hedens forandring

Opgave 7: Hedens plantesamfund

Biologisk undersøgelseskompetence

Jf. Faktatekst 5: Hedens plantesamfund

- Afmærk, uden på heden, et tilfældigt kvadrat på 1x1 meter. Registrer arter og antal planter i kvadratet.
- Forklar arternes tilpasning til de givne livsbetingelser.

Opgave 8: Hedens forandring

Historisk kildearbejde
Biologisk perspektivering

Jf. Faktatekst 5: Hedens plantesamfund

Om de store hedeområder på nordsiden af øen skrev Achton Friis i *De Danske Øer* (1924):

Så snart man ad vejen fra Byrum har sluppet skoven, kommer man ud over den vilde sandhede. Den strækker sig herfra i sin fulde bredde ud over Højsande til Horneks Odde og fra Ræpynt i vest til Syrodde i øst. Dens ganske lave flade er brudt af sumpe og gamle, sammenføgne klitter. Over dens tæppe af lyng, pors og revlingris har den den mærkeligste, regelmæssige bevoksning af ganske små birketræer og enkelte røn og bævreaspe, der sjældent er mere end 1-2 meter høje og overalt står med omtrent 10-15 meters mellemrum. Det er et besynderligt syn; og dog er det naturens eget værk.

Nu er der kun en smal stribe af heden tilbage, helt oppe langs kysten. Resten er lagt under skov. Men det er en ægte lynghede, der følger kystens bue fra Holtemmen til Horneks Odde og videre mod øst.

- Kan du forklare den ændring af økosystemet, der er sket siden Friis besøgte Læsø?
- Hvor meget af ændringen er menneskeskabt og hvor meget er naturlig?
- Hvorfor har mennesket bevidst påvirket dette økosystem?

Faktatekst 6: Mosers og kærs plantesamfund

Hvor der er lavninger i heden, opstår fugtige småsøer og kær. Kær og laguner findes også langs kysterne, hvor bugter og vige afskæres fra havet ved opbygningen af strandvolde.

Sådanne vådområder giver god grobund for en frodig vegetation. Her kan man finde de insektædende *soldug* og *vibefedt*, *porse*, *gøgeurt*, *skeblad*, *klokke-ensian*, *benbræk* og både hvid og brun *næbfrø*.

Lagunen ved Holtemmen er dannet mod syd af en tydelig skrænt på 3-4 meter. Det er stenalderskrænten, der angiver det ældste geologiske plateaus nordgrænse. Nord for dette plateau har nye strandvolde og klitrækker dannet Holtemmen-lagunen. Man kan her studere de fænomener, der også har dannet søerne i Kærene og meget andet af Læsø – tørve- og -dynddannelser i lavninger mellem strandvolde. En plankebro fører over det fugtige område ud til den lave klit, hvor det atter er tørt.

Holtemmen er et betydeligt vådområde, med mange spændende og sjældent forekommende planter. I selve lagunen er der *nøkkeroser*. Langs dens bredder står *gøgeurt*, *soldug* og *gul iris*. I pilekrattene finder man *kvan*.

Kvan er en læge- og krydderurt, der har været kendt og dyrket i hele Skandinavien siden vikingetiden. At det ikke bare var de gæve vikinger, der holdt af den mildt krydrede kvanbrændevin, viser plantens latinske navn – *archangelica*: ærkeengel. Den gav i middelalderen ærkeenglen Gabriels beskyttelse (eller også kunne englene ligesom vikingerne godt lide kvanbrændevin?).

Kærene

Kærene er et meget lidt besøgt landskab.

Kærene består af gamle strandvolde, godt gemt under lyngens tykke tæppe. I lavningerne dannes lavvandede næringsfattige søer, der til dels tørrer ud om sommeren. Her vokser *soldug*, *klokkeensian* og *fredløs*. Måske ser man den røde *ræv*, *haren* eller, hvis man er heldig, *dådyret*.

Hedeplanterne har været de fremherskende, men hele området er ved at springe i skov. De første træer blev plantet i Kærene i 20'erne. Ved selvsåning fra de plantede træer er det gået hurtigt med at omdanne heden til skov.

Opgave 9: Mosers og kærs plantesamfund

Opgave 9: Mosers og kærs plantesamfund

Biologisk undersøgelseskompetence

Jf. Faktatekst 6: Mosers og kærs plantesamfund

- Afmærk et tilfældigt kvadrat på 1x1 meter i kanten af en sø eller ude på en mose.
- Registrer arter og antal planter i kvadratet.
- Forklar arternes tilpasning til de givne livsbetingelser.

Faktatekst 7: Skovens plantesamfund

I dag er store dele af Læsø dækket af skov. Den oprindelige skov blev ellers fældet op gennem Middelalderen. Træet blev brugt som brænde til den omfattende saltsydning, der fandt sted på øen. Bortset fra det lille skovområde Lunden nord for Byrum, er den gamle skov i dag forsvundet.

Afskovningen førte til sandflugt og forringede levevilkår for øens befolkning. Fra midt i 1920'erne har staten tilplantet et stort areal midt på øen, nord for Byrum. Plantagen er en blandet nåleskov, med *skovfyr*, øens gamle træart, og *sitkagran*, *østrigsk fyr* og *contortafyr*. Målet er godt en tredjedel plantet til med skovfyr, en tredjedel med sitka og resten med andre sorter.

Vækstvilkårene for skoven er forbavsende gode på Læsø, den sandede jord taget i betragtning.

Spredt mellem fyr og gran findes lysninger med naturligt forekommende *birk* og *eg*. Man kan også finde en del spiselige svampe, som for eksempel *kantareller*, i plantagen.

Midt i skovens lukkede verden rejser Højsandes klitrække sig til den for Læsø næsten majestætiske højde af 24 meter. Det er gamle indlandsklitter, overgroet med *lav* og spredte *fyrrebuske*.

Foldgårdssøen
Fra parkeringspladsen, der hvor vejen mod Horneks Odde slår et vinkelret sving mod vest, for derefter at sno sig gennem Højsandes klitter, går en mærket sti frem til og rundt om Øster Foldgårdssø. Søen vil ofte tørre ud i sommerens varme, men forår og efterår står den fyldt med krystalklart, rent vand. Ingen forureningskilder, hverken mennesker, industri eller landbrug forurener den.

Foldgårdssøen er dannet på afblæsningsfladen inde i U'et på en vandrende, nu standset, parabelklit. I sandflugtstiden vandrede klitterne på den nordlige del af Læsø, og dannede U'er eller parabler, med benene vendt imod vindretningen og buen i bevægelsesretningen – mod øst. Klitten fik grundvandet til at stige, og inde i buen dannede der sig en lavvandet klitsø. Den kalkfattige sandjord gør søen til en såkaldt *lobeliesø*, der er sur og næringsfattig. Mod vest går søen gradvist over i et fugtigt, men også meget næringsfattigt kær, domineret af *pors* og *stargræsser*.

Foldgårdsøen ligger i en urskov fredet mod menneskelige indgreb. Her skal naturen passe sig selv og udvikle sig som naturligt er. Området præges af åben skov af *birk* og *røn*, med indslag af fyr og gran.

Enebærdalen
Som en lille enklave af oprindelighed ligger Enebærdalen allersydligst i plantagen. Enebærdalen danner en småkuperet *lynghede* med enkeltstående *enebærbuske* og *fyrretræer*, et billede på det Læsø, der var engang. Enebærdalen ligger mellem Doktorvejens knæk og krydset Storedalsvej/Skråvejene.

Opgave 10: Skovens plantesamfund
Opgave 11: Naturens dufte
Opgave 12: Kender du træerne?

Opgave 10: Skovenes plantesamfund

Biologisk undersøgelses- og perspektiveringskompetence

Jf. Faktatekst 7: Skovens plantesamfund

- Sammenlign vegetationen i Lunden sydøst for Doktorvejen med vegetationen i Enebærdalen lige nord for Doktorvejen.
- Kan du sætte navn på de karakteristiske træsorter i de to forskellige skovtyper?
- Hvordan er skovbunden i de forskellige skove?
- Kan du forklare forskellene mellem de to biotop-typer?

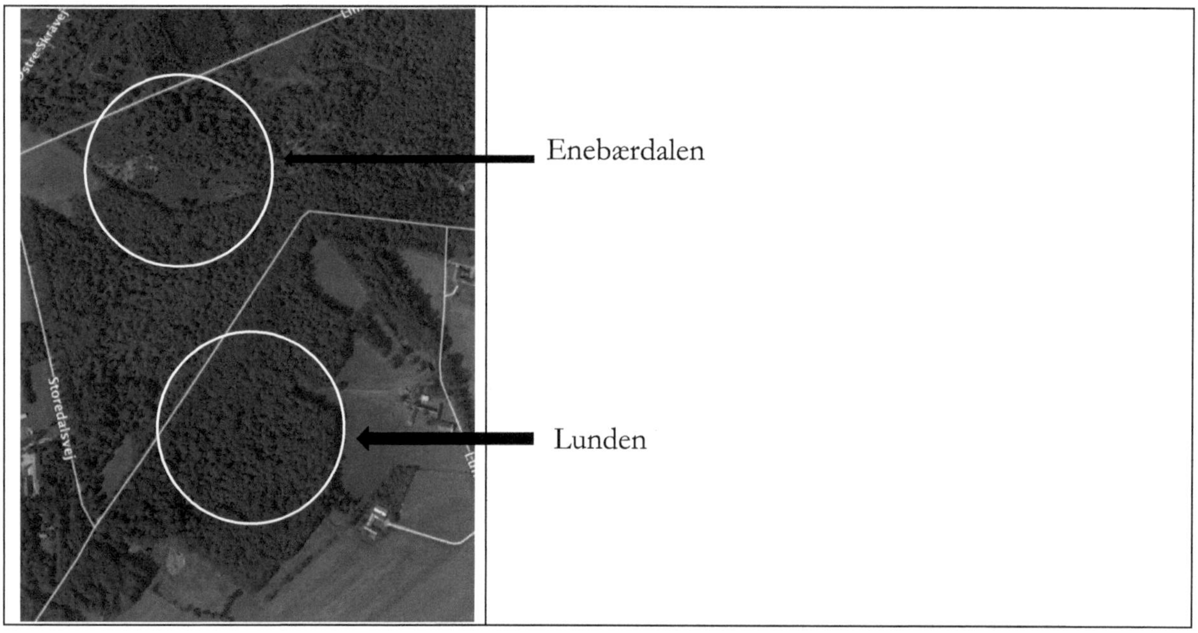

Opgave 9: Naturens dufte

Biologisk undersøgelses- og kommunikationskompetence

Jf. Faktatekst 7: Skovens plantesamfund

Naturen dufter! Det tænker man måske ikke over til dagligt, men duftene er med til at berige vores oplevelser af skoven og de andre naturtyper vi møder.

Læsø er et veritabelt mekka af dufte, især efter en god sommeregn. Måske fordi luften så bliver ren og klar, at alting fremstår meget tydeligere, skarpere og mere nuanceret. Hvis man koncentrerer sig, mærker man hele tiden nye nuancer, nye dufte, nye stemninger. Det lyder ikke af det store, og det er det måske heller ikke, men det er virkelig smukt på sin helt egen måde.

- Brug lidt tid på at mærke duftene i forskellige biotoper, efter regnvejr, om morgenen og om aftenen.
- Kan du beskrive de forskellige dufte? Kan du forklare, hvorfor mennesket overhovedet kan dufte, og hvordan duftsansen hjælper os i hverdagen?

Opgave 12: Kender du skovens træer?

Klassisk biologisk grundlagsviden

Jf. Faktatekst 7: Skovens plantesamfund

Træer har forskellige kendetegn, som for eksempel:

- Det samlede udseende af hele træet
- Bladenes eller nålenes form, størrelse og placering
- Barkens form og farve
- Stammen og grenenes form og placering
- Blomster, frøstande og frø

- Brug de forskellige kendetegn til at sætte navn på nogle af de mest almindelige træer på Læsø. Vælg mellem eg, birk, gran, fyr og røn.
- Beskriv det eller de afgørende kendetegn med dine egne ord.

Faktatekst 8: Pattedyr

Øens isolation giver en vis artsfattigdom med hensyn til dyr, der ikke kan flyve eller svømme.

Af gnavere findes *hare*, *husmus* og *skovmus* samt *rotte*. Mus og rotter er sikkert indslæbt med skibslaster og ved strandinger. Op igennem historien har rotter huseret øen gentagne gange efter strandinger, men er hver gang forsvundet igen. Der opstod derfor den tro, at jorden på Læsø var giftig for rotter, og en direkte eksport af Læsø-jord til rottebekæmpelse fandt en overgang sted.

Haren kan være kommet over isen fra fastlandet på kolde vintre, eller indslæbt for jagtens skyld. Den er meget talrig og tilpasningsdygtig, og kan leve både i skoven, på hederne, i strandengene og i det dyrkede land.

Pindsvinet er også af nyere dato på Læsø. Lars Hess Bing nævner det i hvert fald ikke i sin beskrivelse af øen fra 1802.

Rådyret er bevidst indført som jagtdyr, på trods af kommunale forbud. Det blev smuglet til øen i begyndelsen af 1950'erne. Siden har det formeret sig stærkt.

Det større og mere sky *dådyr* lever i Plantagen og i Kærene.

Ræven er det eneste rovdyr på Læsø. Den var engang talrig, men blev udryddet da den forvoldte stor skade på gåseopdrættet. Den er nu tilbage og er ret talrig. Gavn gør den som jagtobjekt og ved at tage mus. Men den volder ligesom rotten store skader på fuglekolonierne.

I havet omkring Læsø findes de almindelige havpattedyr: *spættet sæl* og *marsvin*. På de store sten ud for Horneks Odde ligger der ofte sæler og soler sig – op til 30 ad gangen!

Opgave 13: Pattedyr

Opgave 13: Pattedyr

Klassisk biologisk grundlagsviden

Jf. Faktatekst 8: Pattedyr

Tjekliste for pattedyr.

- Noter dato, observationssted og klokkeslet for hvert dyr du ser.

	Dato	**Sted**	**Klokkeslet**
Hare			
Husmus			
Skovmus			
Pindsvin			
Rådyr			
Dådyr			
Ræv			
Spættet sæl			
Marsvin			

Faktablad 9: Fugle

Fuglenes antal er selvsagt meget større end pattedyrenes, for afstanden fra Vendsyssel og Sverige til Læsø betyder ikke så meget for dem. Med de store lavvandede områder mod syd og med en stor natur, der kun sjældent forstyrres af mennesker, har fuglene på Læsø meget gode betingelser. Øen huser da også en række sjældne, rugende fugle, ligesom den er en yndet rasteplads for trækfugle.

Mågerne er talrige på og omkring Læsø. På Knotten syd for Bløden Hale findes en af landets få *svartbag*-kolonier. Knotten er fredet som fuglereservat.

På Nordre Rønner er det forladte fyrmesterhus og forskellige stensætninger omdannet til veritable 'fuglefjelde' med ynglende *rider* (tretået måge).

På Nordre Rønner finder man også den lille sort-hvide alkefugl *teist*, der ellers holder til langt længere mod nord. *Alk*, *lunde* og *lomvie* træffes især om vinteren.

På Havrevlen ud mod Nordre Rønner står *skarven* og tørre sine vinger. Den kan ikke som andre svømme- og dykfugle imprægnere sine fjer. Derfor må den tørre dem i sol og vind.

Også terner har Læsø mange af. De opbygger kolonier flere steder langs kysten. *Havternen* og *splitternen* er de almindeligste.

Viber og *strandskader* er almindeligt ynglende. Men på vandringer langs sydkysten støder man også på arter som *præstekrave*, *regnspove*, *ryle* og *klyde*.

Mens gæssene i reglen kun er trækfugle på hvil, yngler andefugle som *edderfugl*, *toppet skallesluger* og *gråand*.

Hønsefugle som *agerhøns* og *fasan* findes, men sandsynligvis indført med jagt for øje.

Rovfugle som *kongeørn*, *havørn*, *musvåge*, *spurvehøg* og forskellige falke gæster ofte øen.

De fleste af Danmarks almindeligt forekommende spurvefugle er også repræsenteret på Læsø, om end sparsomt. Det afvekslende landskab giver muligheder for fugle med vidt forskellige tilpasningsformer. I flæng kan nævnes *sanglærke*, *stær*, *grønirisk*, *bogfinke*, *krage*, *allike* og *solsort*.

Som noget ret specielt har Læsø en bestand af de kæmpestore *traner*.

Traner

Danmark er tilsluttet RAMSAR-konventionen af 1971 om beskyttelse af vådområder og vandfugle. Det har betydet beskyttelse og senere fredning af blandt andet 680 km^2 strandenge og lavvandet hav på Rønnerne og syd for Læsø. Dermed er der skabt en basis for bevarelsen af områdets rige fugleliv.

Opgave 14: Fugle

Opgave 14: Fugle

Klassisk biologisk grundlagsviden

Jf. Faktatekst 9: Fugle

Tjekliste for udvalgte fugle

- Noter dato, observationssted og klokkeslet for hvert dyr du ser.

	Dato	Sted	Klokkeslet
Agerhøns			
Allike			
Bogfinke			
Edderfugl			
Fasan			
Grønirisk			
Gråand			
Havterne			
Havørn			
Klyde			
Kongeørn			
Krage			
Musvåge			
Præstekrave			
Regnspove			
Ryle			
Sanglærke			
Skarv			
Solsort			
Splitterne			
Spurvehøg			
Strandskade			
Stær			
Toppet skallesluger			
Trane			
Vibe			

Faktablad 10: Padder, krybdyr og insekter

På Læsø optræder kun én art af padder, nemlig den *spidssnudede frø*. Den er til gengæld almindelig overalt, hvor der er ferskvand.

Krybdyrene er næsten lige så sparsomt repræsenteret som padderne. Det levendefødende *firben* yngler på øen. Det samme gør *hugormen*.

Hugorm

Der er hugorm på Læsø. De sidste 15-20 år er hugormen blevet ganske talrig på øen, og især i ynglesæsonen hen over sommeren bør man se sig for, når man færdes i naturen.

Hugormen kendes på zik-zakbåndet på ryggen. Ofte er den grå eller brun, men kan også være sort. I så fald er zik-zakbåndet svært at se.

Hugorm

Hugormen er et vekselvarmt dyr. Den har brug for solens varme, for at få sin kropstemperatur op. Man finder derfor typisk hugorm på solvarme pletter eller i vejkanten. Når hugormen er kold og har lav kropstemperatur, er den langsom i bevægelserne. Når den er varm, er den meget hurtig.

Hugormen bruger gift til at dræbe sit bytte. Giften hjælper også med til at nedbryde byttedyret, så slangen lettere kan fordøje det.

Hugormen føder i perioden mellem juli og september. Ungerne er giftige fra fødslen.

Hugormen finder du i næsten alle naturområder på Læsø – på lyngheder, i moser, i åbne skove og enge og i klitter og på stranden.

Det kan lyde meget skræmmende! Men hugormen er mere bange for dig, end du er for den! Den flygter, når du kommer – hvis den overhovedet kan komme til det. Den hugger kun som det allersidste forsvarsmiddel.

Kun ca. 1/3 af alle bid er med gift. For unge og voksne med et almindeligt godt helbred, er biddet sjældent farligt. Man bør dog holde sig i ro efter et bid og søge lægehjælp.

Insekter

Antallet af insektarter er som følge af isolationen også meget lavt. Selvom adskillige hundrede arter er fundet på Læsø, er det alligevel kun nogle få procent af Danmarks samlede insektbestand. Til gengæld er antallet af individer ofte ganske stort. Kun nogle få af de mest karakteristiske arter skal her nævnes:

De mange lave og lune søer og kær giver gode muligheder for *myggens* larver. Og myg er der da også mange af på øens indre, i skovene og på hederne. En del fluearter stikker og suger blod ligesom myggen; det drejer sig for eksempel om *døgnfluer* og om *klæg*. *Plantagefluen* dermimod sætter sig kun på mennesker for at suge sved og hudafsondringer. Der findes også en del *hvepse*, der kan give smertelige stik. Ellers er Læsøs insektverden forholdsvis uskadelig.

Ved siden af de mange tamme bier, der blandt andet producerer øens gode lynghonning, findes en del vilde bier. Der er fire arter af *humlebier*. På de tørre strækninger finder man *jordbier*, *silkebier*, *hvepsebier* og *keglebier*, der graver sig ned i jorden med lange gange. Hvor de vilde bier andre steder i landet er på tilbagegang på grund af sprøjtemidler, kan bestandene bevares på Læsøs heder, der ligger langt fra landbrugsarealerne.

Den brune bi

På Læsø gør man et stort arbejde for at holde den brune bi raceren, og undgå at den blandes med andre bi-racer. Den brune bi er naturligt hjemmehørende i det nordlige Europa, og derfor tilpasset de klimatiske forhold. Det er derfor væsentligt, at dens DNA overlever og fortsat kan indgå i avlsarbejdet med honningbier – især i en tid med store klimaforandringer.

Da Folketinget i 1993 besluttede, at den brune bi skulle bevares, var planen, at hele øen skulle reserveres for den brune bi. Men uenigheder blandt biavlerne førte til, at det i dag kun er Læsøs østligste ende, der er forbeholdt godkendte brune bier. Her foregår alle parringer af unge brune dronninger, uanset hvor bistaderne i øvrigt står på øen.

Opgave 15: Edderkoppespind

Naturopgaver generelt:
Opgave 16: Mørket over Læsø
Opgave 17: Stilheden
Opgave 18: Naturbeskyttelse

Opgave 15: Edderkoppespind

Biologisk undersøgelseskompetence
Jf. Faktatekst 10: Padder, krybdyr og insekter

I sensommeren, når duggen falder, bliver edderkoppernes spind meget tydelige – om morgenen, inden solen får dugdråberne til at fordampe.

Gå en tur ud over heden, strandengen eller nær en af øens lavvandede søer og kær, og find forskellige typer af edderkoppespind.

- Tegn eller fotografer spindene – og meget gerne også edderkoppen, der har lavet spindet!
- Hvordan får edderkoppen udspændt sit net?

Opgave 16: Mørket over Læsø

Geografisk modelleringskompetence

Det er meget let at opleve mørket på Læsø – at undgå 'lysforureningen' fra byer og veje. Det betyder også, at det er lettere at studere himmellegemerne på Læsø end så mange andre steder i landet.

På klare nætter uden månelys, kan du kigge stjerner. Find et sted, hvor du ikke kan se noget menneskeskabt lys. Når dine øjne har vænnet sig til mørket, kan du over dit hoved se millioner af stjerner og sikkert også flere planeter.

- Find disse stjerner og stjernebilleder:
  - Karlsvognen
  - Cassiopeia
  - Orion
  - Nordstjernen
- Tegn et kort over de vigtigste stjerner og stjernebilleder.
- Find fortællingerne bag stjernebillederne og deres navne.

Om du kan se planeter, og hvilke du kan se, afhænger af tidspunktet. En astronomisk kalender hjælper dig, så du ved hvad du skal kigge efter og i hvilken retning du skal se.

Især i sensommeren kan du se Mælkevejens lysende bånd tværs over nattehimlen.

Hvis måner er oppe:

- Hvilken fase er den i?
- Kan du, evt. med en kikkert, genkende nogle af landskaberne på månen?
- Tegn dit eget kort over månen og brug et månekort til at sætte navn på de forskellige landskaber

Opgave 17: Stilheden

Geografisk undersøgelses- og kommunikationskompetence

Stilheden er en del af Læsø. Ikke bare stille sådan i almindelig forstand, men fuldstændig og aldeles lydløs.

Prøv at gå ud en vindstille nat, og lyt til stilheden. En stilhed, der for et bymenneske er totalt uvant, ja, nærmest skræmmende. Man undres over, at verden kan være så stille.

- Gennemfør en 'udesidningsøvelse'. Sæt dig alene – det er vigtigt, at du er alene og uforstyrret – på et tæppe et meget mørkt sted, f.eks. oppe i Plantagen. Sid musestille mindst en halv time og fornem stilheden og nattens lyde – hvordan forandrer din oplevelse sig over tid? Det kan være skræmmende, men der er ingen reel grund til angst!
- Prøv med dine egne ord at beskrive din oplevelse, så andre kan forstå hvad du erfarede.
- Hvorfor kan udesidning være en skræmmende oplevelse, selv på Læsø, hvor der næsten intet skræmmende findes?

Opgave 18: Naturbeskyttelse

Biologisk og geografisk perspektiveringskompetence

Der nævnes i bogen forskellige nationale og internationale programmer for naturbeskyttelse.

- Find ud af hvordan følgende programmer beskytter naturen:

- Ramsar
- LIFE
- Natura 2000
- Habitatområde
- Naturfredning

Faktatekst 11: Forhistorien

Sagnet og den folkelige tradition fortæller, at øens navn stammer fra havguden *Ægir*, som også kaldet *Hlér*. Hlér er et lydmalende ord, der efterligner havets brus. Ægir var usynlig og åbenbarede sig kun i bølgernes brus mod kysten. Læsø var Hlérs ø, og som sådan as-gudernes mødested.

Ifølge Nudansk Ordbog stammer navnet Læsø fra det urnordiske *lasio*, der er beslægtet med det oldengelske ord *læs*, som betyder græsgange. Sproghistorisk tyder det altså på, at Læsø i sommermånederne har været brugt til græsning af husdyr fra fastlandet, en slags dansk sæterdrift. Med de åbne skove og mange strandenge rundt om, er det slet ikke nogen urimelig tolkning.

Fund af flinteredskaber viser med sikkerhed, at Læsø har været brugt til jagt af folk, der kunne sejle fra Vendsyssel eller Sverige.
Hvornår Læsø er blevet befolket ved vi ikke med sikkerhed. Men på et tidspunkt, engang i de første århundreder af vor tidsregning, har folk slået sig ned på øen ikke bare om sommeren, men også om vinteren. De har nok i hovedsagen levet af kvægdrift, jagt og lidt fiskeri. Den sandede ø har ikke indbudt til dyrkning af jorden.

Saxo og norske Snorre nævner øen flere gange, men kun i forbindelse med strandinger, skibbrud og som nødhavn.

Omkring år 1200 finder Viborg Domkirke, der ejer Læsø, ud af at der kan sydes salte på øen. De inviterer bønder til at slå sig ned på øen, med lovning om selveje af hus og indmarker, mod at de så også skal syde salt. Det indleder den historiske beboelse af Læsø.

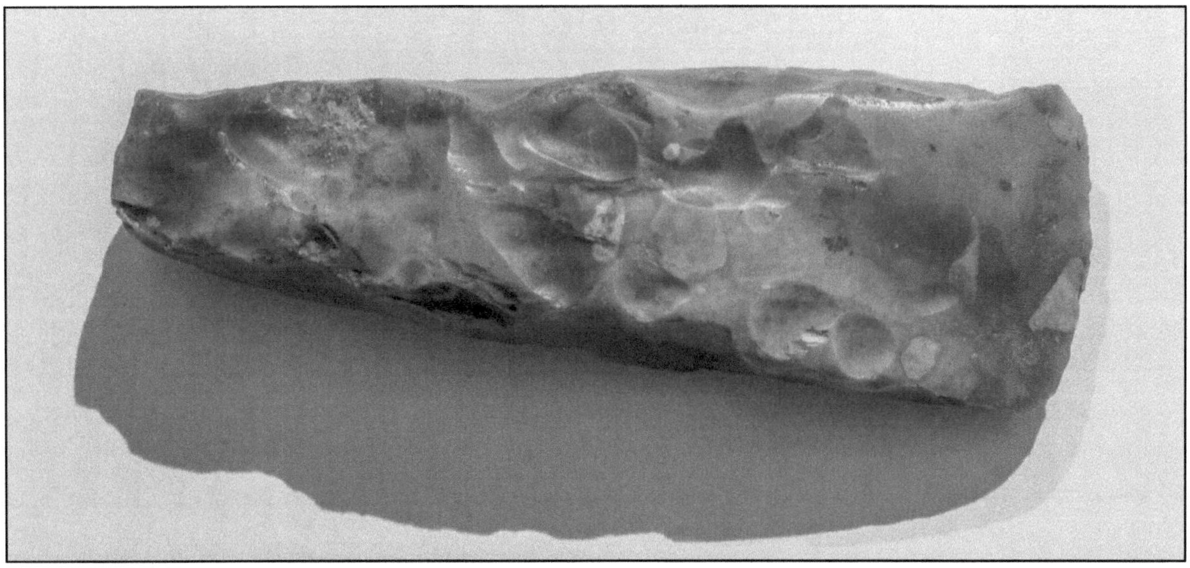

Faktatekst 12: Hvem bestemte på Læsø i Middelalderen?

De første skrevne vidnesbyrd fra Læsø går tilbage til omkring år 1200. Øen er da blevet givet af kongen til Viborg Domkapitel. Alt øde land, som ikke havde anden ejer, tilhørte jo kongen og kunne gives eller handles bort. Dette verdslige forhold til kirken kom til at præge store del af Læsøs historie. Det var således biskoppen i Viborg, der tog initiativ til produktionen af salt.

Ofte er der uenigheder mellem kannikkerne i Viborg og de stride Læsøboer. Der er uenighed om rettigheder til skovens træ, til strandingsgods, til saltafgifter og meget andet. Men selvom kirken nok kan være en hård herre, betyder det alligevel, at Læsøboerne aldrig kommer til at trælle under en herremand ligesom andre danske bønder. For kirkens hovedinteresse er de afgifter Læsø kan betale, ikke hvordan Læsøboerne organiserer deres arbejde og moralsk lever deres liv.

Også munkene i Vitskøl Kloster ved Limfjorden har på den tid en anpart i Læsø. Mellem Domkapitlet og klostret opstår der fejder over jagtrettigheder og grænsedragninger. Striden bliver bilagt ved kirkeforsamlingen i Lyon i 1274, men blusser siden op igen. Først da Vitskøl i 1320 må sælge sin andel til Viborg, for at betale kongen for en bekræftelse på sine privilegier, kan stridighederne bilægges.

Og da kong Valdemar allerede i 1239 har givet afkald på leding og vrag på Læsø, sidder Viborg Domkapitel efter 1320 som eneejer af herlighedsretten på øen. Til at varetage kirkens interesser, og til at inddrive de forskellige skatter som falder på øen, er en landfoged ansat med Klitgård, øens bedste gård, som embedsbolig.

Selvom Læsøboerne er frie bønder, må de betale afgifter til kapitlet. For de ejer jo kun deres egne huse og gårde, ikke de omliggende udmarker. For græsningsrettigheder må de betale afgift, for brænde hentet i kapitlets skove må de betale afgift, bjærgningsafgift fordi havet ikke tilhører dem, osv. osv.

Verdsligt hører øen under Viborg Domkapitel, men i gejstlig henseende hører øen i Middelalderen under bispen i Børglum. Også det giver anledning til problemer. Første gang er i 1394. Da har bisp Svend i Børglum nemlig afstået sine rettigheder til Viborg mod en årlig afgift på 2 mark sølv skønt han ellers tjente 5 mark af sine rettigheder på øen. Efterfølgeren vil ikke vedkende sig den forretning og opkræver de sædvanlige afgifter af kirkerne på øen. Dette går Læsøboerne selvfølgelig ikke med til og børglumbispen lyser dem og deres kirker i band. Senere vier han igen kirkerne og ansætter nye præster, ja han går så vidt som til at opgrave de døde, der er blevet jordfæstet under bandlysningen, så de kan få en korrekt begravelse.

Igen i 1523 bliver Læsø lyst i band af Stygge Krumpen, bisp i Børglum. Efter de mange krige og kong Kristian II's fald bliver der pålagt befolkningen ekstra skatter. Dem vil Læsøboerne ikke betale – derfor bandlysningen. Bandlysningen betyder, at alle, der, menes striden stod på, var blevet begravet, skulle genbegraves uden for kirkegården. Det kommer dog til forlig med Frederik I som mellemmand.

Opgave 20

Faktatekst 13: Saltsydningen

Saltprocenten falder i mad, der koges eller steges. Salt bliver derfor en vigtig del af kosten, når mennesket "civiliserer sig" og begynder at spise tilberedt mad.

Saltning er i Middelalderen omtrent også eneste mulighed for langtidsopbevaring af kød. Derfor er salt en meget efterspurgt handelsvare. Og Læsø er leveringsdygtig med noget af landets bedste salt. Faktisk er saltfremstilling langt det største erhverv på øen gennem flere hundrede år. Med de store skove mod nord og de flade strandenge mod syd, er øen som skabt netop til saltproduktion.

Ude på fjæren syd for øen skaber gentagne oversvømmelser et saltholdigt grundvand. Vandet står oven på lerlaget og kan ikke komme væk. Med sommerens sol fordamper en del af vandet, nyt kommer til, og saltkoncentrationen stiger gradvist. Når saltkoncentrationen når ca. 12% (dvs. når et kogt æg flyder – prøv selv!) indsamles det i brønde og bliver hældt på pander – store flade gryder – og sydet over åben ild. Når saltlagen når ca. 80^0 C, krystalliserer saltet og kan øses op til afdrypning.

At saltindustrien på Læsø er meget intensiv, viser mange historiske kilder. Blandt andet skal biskop Tyge i Børglum i 1330 have godkendt nogle forbudte ægteskaber mod en betaling på 14 læster salt eller omtrent 28 tons. I 1481 skal kapitlets saltskyld på Læsø have beløbet sig til 18 læster, ca. 36 tons – 3 gange om året! Det lyder af meget, men for hver saltpande betaler man 8 tønder salt, eller rundt 800 kg, per år. Så det løber hurtigt op!

Omkring år 1200 – kort efter saltproduktionen var begyndt – var der ca. 25 aktive saltsyderier. Det tal stiger jævnt frem til Reformationen i 1536. De følgende 50 år intensiveres produktionen yderligere og når et maksimum på 135 syderier omkring 1585. Men domkapitlets indtægter har da længe været for nedadgående, så hvert syderi må have produceret stadigt mindre salt.

I 1652 ophører saltproduktionen. Det er der flere grunde:

- Adgangen til brændsel forsvinder, fordi skoven er hugget om.
- Reformationen betyder mindre efterspørgsel efter salt, for der skal ikke længere saltes fisk til fasteperioden.
- Adgangen til billigere salt fra bl.a. Lüneburg udkonkurrerer saltet fra Læsø.
- Den Lille Istids koldeste fase sætter ind og giver mindre hypersalint vand at inddampe.

Af synlige minder om saltsydningen finder man i dag to slags. Dels mange volde efter saltsyderier på Rønnerne, dels de store hedestrækninger mod nord på øen.

Faktatekst 14: Læsøs Middelalderkirker

Byrum Kirke

Byrum Kirke er et anseeligt bygningsværk i munkesten. Kirken er Læsøs største kirke og en af landets ældste kirker. Den ligger smukt til midt i Byrum, omgivet af høje træer og lidt tilbagetrukkent fra landevejen – *det behageligste sted på hele øen*, ifølge Bing.

Kirken er opført i munkesten – antagelig produceret lokalt – engang tidligt i 1200-tallet. Den er rødmalet med hvid udsmykning omkring vinduer og på stræberne. Det oprindelige romanske præg er forsvundet til fordel for det gotiske.

Skibets loft består af seks uregelmæssige krydshvælvinger i spidsbue, korets af en tredelt bue. Der er i koret fundet overhvidtede kalkmalerier af blandt andet Skt. Georg og dragen.

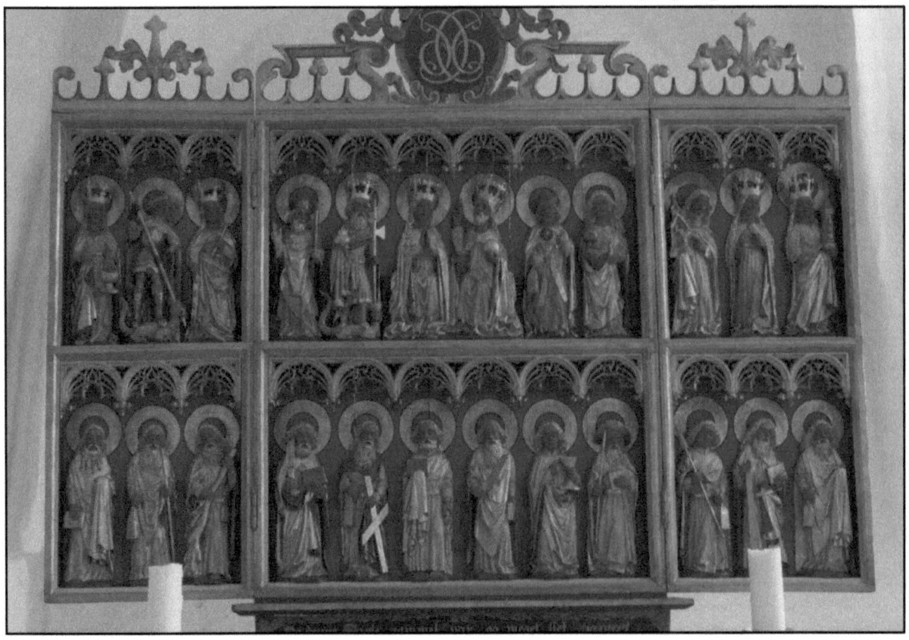

På alteret står en trefløjet tavle fra omkring 1450 med udskårne figurer. Øverst ses Jomfru Maria omgivet af helgener. Apostlene står i række nederst. Krucifikset over tavlen er fra 1525.

Helgenerne i altertavlen var Middelalderens forsikringsform, idet de hver især beskyttede mod et onde: Dorothea med æblet beskyttede mod fattigdommens sult, Skt. Georg med dragen beskyttede mod spedalskhed, Gertrud beskyttede mod mus og rotter, Margaretha var de spæde børns beskytter og Barbara hjalp folk til en god død.

I et lille skab, et tidligere sidealter, overfor prædikestolen findes endnu en figur af den hellige Barbara, Læsøboernes helgeninde. Hun kunne, udover at give den gode død, stille storm og hav.

Da Hals Kirke blev nedlagt i begyndelsen af 1700-tallet, byggede man i Byrum Kirke et orgelpulpitur, for at give plads til den nu meget større menighed. Pulpituret blev taget ned i 1929, men forsiden, der var smykket med apostlene, hænger nederst i kirken.

I en niche oppe ved prædikestolen hænger et sladrekompas. Det er vel taget fra en stranding på uærlig vis og senere bragt til kirken som soning.

Under gulvet i kirken fandt man ved et restaureringsarbejde for en del år siden en skat på 273 mønter, slået mellem 1202 og 1241. Man fandt også flere begravelser af voksne og ikke mindre end 80 velbevarede barneskeletter fra epidemier i det 17. århundrede. De er nu flyttet til en grav syd for koret.

I Byrum Kirke findes vistnok Danmarks eneste bevarede kirkekonestol. En stol, som kvinder, der lige havde født, sad på i gamle dage, indtil de igen blev opfattet som rene.

Vesterø Kirke

Et par kilometer syd for Vesterø Havn, der hvor agerlandet bliver til hede og strandenge, ligger Vesterø Kirke. Det er en rødmalet kirke med tårn, kor og våbenhus, omgivet af velfriserede gravsteder og et stensat kirkegårdsdige; en landsbykirke sådan som danske landsbykirker skal se ud.

Sagnet vil, at kirken skulle have været bygget lidt længere inde i landet. Men nisserne flyttede om natten materialerne ud mod vest, og så byggede man der.

Kor og skib er senromanske, opført i slutningen af 1200-tallet i munkesten. Ved senere ombygninger og restaureringer er de fleste af de oprindelige rundbuede romanske træk forsvundet til fordel for nyere spidsbuede gotiske. Det gælder for eksempel korbuen, der adskiller koret fra skibet, og krydshvælvingen over selve koret.

Krydshvælvingen er prydet med kalkmalerier fra omkring 1510. Kalkmalerierne er for nylig blevet renoveret.
Alteret bærer en fløjtavle fra omkring 1475 med udskårne figurer. I midten står Jomfru Maria og over hende Jesus. De er omgivet af otte helgener, blandt andet de sjældent forekommende helgenbisper Skt. Archelaus og Skt. Etherus ('Hetterus'). I fløjene står de tolv apostle.

Altertavlen blev istandsat i 1708 af afdøde Bertel Hansen og hans enke Kirsten Lauridsdatter. Ved den anledning blev den beklædt med 'dyrbar ecte guld', som der står skrevet på den. Væggene i skibet er prydet med tre epitafier, skænket af velhavende Læsøboer *Gud til ære, kirken til prydelse, pårørende venner til påmindelse.* Og vel også som en slags datidens forsikring til egen frelse! Et af epitafierne er sat over Else Maria Strandbye, der døde i 1846 af vattersot, efter der var tappet 404½ potter vand af hende!

Ved indgangen er et panelværk billeder af seks af de syv kardinaldyder.

Over midtergangen hænger flere sejlskibsmodeller. Flere gamle gravsten er indmuret i væggene, både i selve kirkerummet, i våbenhuset og udendørs.

Opgave 19

Opgave 19: Kalkmalerierne

Kristendomskundskab – livsfilosofi og etik

Jf. Faktatekst 14: Læsøs middelalderkirker

Koret i Vesterø Kirke er prydet af kalkmalerier.

- Hvilken kendt fortælling fra Biblen illustrerer kalkmalerierne?
- Hvorfor er figurerne klædt i tøj, der tydeligvis ikke stammer fra bibelsk tid?
- Find rytteren, der sidder med numsen bar!
- Find narren med horn!

Faktatekst 15: Sandflugten

Saltsydningen kræver brændsel, meget brændsel. Det bliver kimen til undergang og fattigdom midt i industrieventyret – en menneskeskabt øko-katastrofe, den store sandflugt, der næsten lægger øen øde.

Så længe det var domkirken i Viborg, der ejede det meste af Læsø, var der meget strenge regler for hugst i skoven, både til saltproduktion og til eget brug. Og der var regler for genplantning, så der hele tiden var skov at hugge.

Med Reformationen i 1536 overtager kongen i princippet alle kirkens jordbesiddelser, bortset fra præstegårdsjordene – præsterne skal jo have et landbrug at leve af.

Men kongen har ikke et embedsapparat, der kan håndhæve reglerne. Kirken fortsætter derfor som forvaltere for kongemagten – men uden de samme midler til retshåndhævelse som før. Det benytter Læsøboerne sig af! De starter mange nye saltsyderier, for nu kan de hente brændsel uden at frygte for straf. 150 år senere er skoven væk.

Sammen med den straffri adgang til skoven, bliver der i praksis også fri adgang til at grave tørv i udmarkerne. Derved bliver sandet blotlagt, og sandfygningen kan begynde.

Problemerne begynder faktisk allerede kort før Reformationen – i 1476. Da indklager Domkapitlet Læsøboerne for Landstinget, fordi de både hugger skov og skærer tørv ulovligt. Men det hjælper ikke. I 1524 er den gal igen; nu vil beboerne på Læsø hverken betale skatter eller stoppe den ulovlige hugst i skoven. Kongen må skride ind med et straffebrev.

Læsøboerne er pressede. For kapitlet i Viborg vil have sine årlige skatter, og dem kan Læsøboerne kun betale med salt. Altså tvinger kirken dem til at hugge ulovligt. De beder da også i 1536 om at saltafgifterne nedsættes, fordi skoven og moserne nu er *næsten opgravet og plat fordærvet.*

Samme år forbyder Kristian III, at der opsættes flere saltkedler på Læsø for derved at spare skoven og landet som "forødes af sand". Det er første gang sandflugten nævnes, og den må allerede da have været et alvorligt problem.

Men heller ikke kongens ord har magt over Læsøboerne og igen i 1544 må Domkapitlet klage over dem ved Landstinget. Det kan derefter koste både ejendom og hals at fælde ulovligt i de sidste rester af skov på Læsø.

Men stadig skal der svares skatter og afgifter og salt skal sydes. Så Læsøboerne må slå lyngen og brænde den og siden skære tørvene og fyre med dem. At hente lyng og andre planter forbydes ved lov i 1559.

Sandet begynder at fyge i Hals Sogn længst mod øst. I år 1600 er sognet så sandføget, at præsten ikke længere kan ernære sig af præstegården. Han fraflytter sognet og øen, idet alle tre sogne nu skal betjenes af en og samme præst. Kirken holdes dog stadig ved lige, ligesom præstegården bebos af kapellanen. Som sagnet siger det, i næsten bibelske vendinger; *sandet føg i syv år, og lagde sig i store driver om gårde og huse.*

I 1642 bliver det bestemt, at hver gård er forpligtet til at plante et vist antal pil om året i et forsøg på at genplante øen. Men det er ikke nok, og i 1652 standser saltsydningen fuldstændigt. Det store salteventyr er forbi.

Kvinde med Læsø-spade, parat til at grave tørv i udmarken.

Enkelte fantaster forsøger sig siden med saltudvinding, bl.a. en vis Dr. Bister. Det er omkring 1730. Han siges at have ødelagt de sidste rester af skov på øen. Økonomisk brækkede han halsen på projektet og måtte til sidst flygte fra øen. Resterne af hans værk findes i dag omkring Doktorhaven og Doktorstenen på Kringelrøn – man kommer forbi stedet, når man går ad den markerede sti omkring Fuglsangsøen.

Samtidig med at det økonomiske grundlag forsvinder, vælter sandflugten ind over øen. I 1683 meldes om 30 ødelagte gårde i Hals Sogn. I løbet af de næste 12 år ødelægger sandet yderligere 27 gårde. Alene i 1697 fraflyttes 6 gårde. Gudstjenesterne i Hals Kirke ophører i 1722. Da er bygningerne nedfaldne og ødelagte i uhyggelig grad; østmuren er ved at falde ud, tårnet mangler mange sten, taget er næsten blæst af og tømmeret er pilråddent.

Hals sogn lægges øde. De store skove mod nord, der før var så vildtrige, er borte. De mange gårde og mennesker, deres marker og agre og deres kirke er borte. Tilbage er kun ørkenen, den ørken som Læsøboerne selv skabte i en letsindig omgang med naturen for at tjene guld til kistebunden og til kirkens øvrighed.

Opgave 20

Opgave 20: Bæredygtighed og økonomisk vækst

Samfundsfaglig økonomisk kompetence
Historisk samspil mellem fortid, nutid og fremtid
Biologisk og geografisk modellerings- og perspektiveringskompetence

Jf. Faktatekst 12: Hvem bestemmer på Læsø i Middelalderen?
Faktatekst 13: Saltsydning
Faktatekst 15: Sandflugten

- Redegør for den politiske baggrund for saltindustriens udvikling på Læsø og de problemstillinger vedrørende bæredygtighed og økonomisk vækst industrien tydeliggør for os i dag.

Faktatekst 16: Tangtagene

Det mest særegne ved den læsøske livsstil i århundrederne efter sandflugten er nok de tængede huse. Øen mangler strå og siv til almindelig tækning, men Læsøboerne forstår at udnytte de store mængder ålegræs ('tang'), der driver i land med stormene forår og efterår. Med den *tænger* man husene, der får et højst ejendommeligt udseende, med store ludende tage, der næsten går i et med jorden.

Tangen bliver tørret på stranden og siden kørt hjem til gården. Det er ikke små mængder, der er tale om. Til hvert fag i huset bruger man 10-15 læs tang, til en gavl omkring 20 læs – det bliver til adskillige tons! Det er ofte kvindearbejde at tænge – og man hjælper hinanden. Der er faktisk en æressag at blive indbudt til at være vaskepige.

Når man skal tænge et hus, begynder man at hvirvle tangen sammen i lange dråbeformede *vasker* og binde dem fast med den tynde ende på de nederste lægter. Den tykke ende af vaskerne lader man hænge ned over husmuren. Det gøres meget tæt, så taget får en tykkelse af op mod 2 meter. Over det dynges der løs tang i resten af tagets højde. Til sidst lægges der tørv over mønningen. Med års mellemrum fyldes der mere tang på taget. Omkring vinduer og døre skæres tangen bort, ellers får den lov at hænge langt ned over væggene.

Tangtagene kan holde i flere hundrede år, og de er brandsikre indtil der går ild i dem, for så er de ikke til at slukke. De er meget lune i koldt vejr og tilsvarende kølige i varmt vejr. Tangtage er absolut regntætte, men når de bliver vandtrukne, vil de dryppe i flere dage efter regnen er holdt op. Om vinteren med skiftende tø og frost betyder det, at der dannes lange istapper fra tagskægget.

Opgave 21

Opgave 21: *De Danske Øer* – Læsø

Historisk kildearbejde

Jf. Faktatekst 16: Tanghusene

Achton Friis skriver i *De Danske Øer* fra 1924 om tanghusene på Læsø:

Ved siden af mig hæver sig brat over Jordsmonnet noget, der ligner en naturlig Bakke, som kaster en lang Skygge henover Marken – som en gammel, mægtig Høj, der er bleven sparet af Ploven, fordi det maatte volde for mange Knuder at jævne den. Markens vilde Flora gror hen under dens Fod og fortsætter uanfægtet op over dens stejle, puklede Sider – Rødbynke, Blaaklokke, Syre, Stenurt, Grin til Middag, Valmue, Husløg, Kongepen, Viol, Vejsennep, Svinekaal og Kornblomst gror som et vidunderligt broget Tæppe helt op til dens Ryg. Bunden mellem Blomsterne er graa som en Lavablok, men hvidtskinnende som Silke i de smaa, blanke Brud. Hvor den nederst nærmer sig Jorden, er der en alenbred, aaben Revne, i hvilken man skimter nogt kridhvidt lysende, furet af lodrette, sorte Stolper – det ser ud, som Højen har revet sig løs fra Jordsmonnet omkring den og er ved at løfte sig paa sine Pæle. Man kunne tro, det er en Bolig for Underjordiske, der er stivnet i sin Bevægelse ved første Hanegal, inden den fik lukket sig helt om sine Beboere for Solens Lys!

- Sammenlign Friis' beskrivelse med de tanghuse du ser på Læsø. Hvilke forskelle og ligheder ser du?
- Kan du forklare disse forskelle og ligheder?

Faktatekst 17: Mordene på Evbakken

I 1688 er to soldater, Christen Christensen Harre og Laurids Poulsen, sendt til Læsø for at opkræve skatter, hvilket de gør på en noget hårdtslående måde – der er i hvert fald ført sag mod dem for overgreb på flere kvinder, som de skal have gennembanket. Soldaterne er denne pinselørdag på besøg hos Niels Henriksen på Evbakken, for hvem de laver noget fusk med et par tønder vin. Samme sted er også en flygtet arrestfange, tidligere fuldmægtig Frands Vogt, der har inddrevet for høje skatter til egen fordel. Niels Henriksen er heller ikke noget godt papir; han er afsat landfoged og tolder – også han med et uafgjort mellemværende om noget told til kongen.

Til denne lidet ærværdige forsamling ankommer birkefoged Mads Brun og dennes svoger, fuldmægtig Jacob Arendts. Tilsyneladende har de intet egentligt forehavende, indtil det viser sig, at de holder husets folk hen med snak, mens Adam Andreas Voss, Niels Henriksens efterfølger i landfogedembedet og modstander i striden om de forsvundne toldpenge, gør ulovligt udlæg i et par både, der ligger nede ved stranden. Det er dog ikke dette, der sætter gang i den ulykkelige mordsag. For alle parter i stuen hos Niels Henriksen forholder sig rolige og har en god snak, mens Voss arbejder med bådene.

Men en god del spiritus er vel hældt indenbords i samtalens løb, og en uskyldig kraftprøve udvikler sig i kådhed til rigtig kamp. Det er Brun og Arendts, der spiller op overfor Vogt. Vogt er undvigende og vil ikke i klammeri med de to andre. Uheldigvis kommer soldat Christen Harre uforvarende imellem de stridende parter – han kommer nede fra stranden, og ved ikke noget om kampen. Harre forsøger at dæmpe gemytterne, men bliver overfaldet af først Brun og så Arendts, der stikker ham med deres kårder til han blødende og døende falder sammen på gårdspladsen. I deres frådende raseri på det nærmeste maltrakterer de to øvrighedspersoner liget.

Efter endt dåd og en styrkende dram drager de to svogre tilbage til Byrum. Sagen anmeldes til Voss, og han sætter de to drabsmænd i mild arrest – så mild, at Arendts kan undvige og flygte fra øen, da den fulde sandhed går op for ham dagen derpå. (Flugten kommer sikkert Voss meget belejligt, da Arendts har kendskab til uregelmæssigheder i hans embedsførelse, kendskab han kunne frygtes at fortælle om under retssagen!)

Ved underretten på Læsø dømmes Brun til døden, Arendts dømmes fredløs *in absentia* og Voss idømmes en pengebøde for at lade Arendts undvige. De andre tilstedeværende på Evbakken på mordtidspunktet er tiltalt for ikke at have grebet ind, men frifindes på grund af omstændighederne.

En appeldomstol landsforviser senere Brun og fradømmer Arendts, der i mellemtiden er dukket op igen, livet. Så lovens strenge straf nåede dog til sidst de to voldsmænd og øvrighedspersoner fra Læsø.

Faktatekst 18: Manden og havet – Sejltiden

Læsøboerne bliver fattige folk. Uden saltet er der ikke meget på den nu tilsandede ø, der kan skaffe befolkningen en indtægt og en levevej. Som saltindtægterne forsvinder, søger mændene i stigende grad ud, for at kunne forsørge sig og sine; den læsøske skudefart på Kattegat vokser og bliver, for en kort periode, uhyre vigtig for øen. Det er især tømmer fra Norge og Sverige Læsøboerne sejler til Danmark. Og korn den anden vej. Men landhævningen og tilsandingen ødelægger snart de få naturhavne, der er omkring Læsø. Det drejer sig først og fremmest om Krogen og Evbakken syd for Østerby. Her er det eneste sted sejlskibe kan komme tæt under land og ligge i læ. Her er opført pakhuse og her bor tolderen, der skal kontrollere alle ind- og udførsler. Men løbet ind til Evbakken, og også selve ankerpladsen, bliver så lavvandede, at skibene ikke kan sejle der. Mange søger til Ålborg og sejler i stedet derfra.

Samtidig fører en række krige i Norden til ødelæggelse og tab af skuder. Under Torstensonkrigen i 1643-45 bliver 120 soldater sendt til Læsø for at forsvare øen. Men ikke alene skal dette forsvar underholdes af befolkningen, så længe det er på øen. Som kongerigets forsvarere tager soldaterne sig betalt med 1 Rigsdaler per skud, de affyrer mod svenske kaperskuder, der stjæler Læsøboernes skibe!

I 1658-60, i 1675-79 og igen i 1700-21 fører Danmark-Norge krig mod Sverige. Til sidst er der intet tilbage af de læsøske skuder, de er alle gået til eller kapret af fjenden.

Nedgangstiden sætter også sit præg på folketraditionen. Blandt andet er det fra denne tid, at beretningen om dronning Margrete 1.'s forlis og redning ved Læsø stammer. Og sagnet om hendes gave til Læsøs kvinder – deres festdragt – bliver vigtig. Det er en måde at hævde sig på, når det økonomisk går skidt.

Men det er på havet Læsøboerne må skaffe sig til livet, så drenge og mænd lader sig forhyre på fremmede skibe. Mange bliver styrmænd eller kaptajner. I næsten to hundrede år er øen så godt som tømt for mænd i sommerhalvåret; de sejler i den nederlandske handelsflåde. Kun i vintermånederne kommer de hjem, med fortællinger om fremmede havne, med klæder af nyeste snit, med tobak i de lange piber og med penge på lommen.

Hvis de da kommer hjem. For der går ry af deres sømandskab, og i meget stort tal udskrives de til orlogstjeneste. Men i marinen er der ikke mange penge – så hellere blive borte en årrække og tjene under fremmed flag!

Mangen sømand finder vel også sin alt for tidlige grav på havet. I hvert fald er der i folketællingerne en stor overvægt af kvinder på Læsø. Selv de mange bønderkarle fra fastlandet, de, med sømændenes sans for sproglig fantasi, såkaldte *klunter*, kan ikke opveje denne skævhed.

Opgave 22: Manden og havet, Museumshuset i Byrum

Jf. Faktatekst 18: Manden og havet – Sejltiden

På Museumshuset i Byrum finder du blandt andet sekstant, sand-ur, log, kompas og søkort. Det er genstande sømændene brugte til at navigere med.

Navigation
En vigtig del af det at sejle, er at vide hvor man er og hvor man er på vej hen. Så længe man følge en kyst, kan man bruge landkendingen til at bestemme sin position. Men hvordan fandt man vej i rum sø uden landkending – og før man havde GPS, som vi har i dag?

Svarct cr, at man måtte navigere ved hjælp af både astronomi og enkle navigationsinstrumenter – og det var vanskeligt.

Astronomisk navigation
Når man kommer fra Skandinavien, ved man, at solen står meget højere på himlen om sommeren end om vinteren. Og man ved at solen står lavere, desto længere mod nord man kommer. Man har måske endda oplevet at den helt forsvinder i flere uger om vinteren. Derfor ved man, at solhøjden viser noget om, hvor langt mod nord man er. I dag bruger vi begrebet 'breddegrader' som betegnelse for afstanden direkte ned til ækvator – altså nord-syd linjen.

Når man for eksempel sejler mellem Norge, Island og Grønland, skal man sejle stort set øst-vest. Det betyder, at man på en sejlads på par uger skal holde en fast solhøjde ved middagstid.

Det betyder også, at solen bør stå op og gå ned i en fast vinkel på skibets længderetning.

- Lav tegninger, der...
  ...viser sammenhængen mellem solhøjde og breddegrad
  ...viser sammenhængen mellem sejlretning og solopgang og solnedgang

Når det var mørkt nok (hvilket det jo ikke altid er om sommeren nordpå), kan man navigere ved hjælp af stjernerne.

Nordstjernen står altid i nord. Trækker man en linje fra den lodret ned til horisonten, kan man orientere ud fra den. Men jo længere mod nord man er, desto højere på himlen er Nordstjernen, og desto vanskeligere bliver det at bruge den på den måde.

Omvendt betyder det så, at dens højde over horisonten kan sammenlignes med tilsvarende højder på kendte kyster og sige noget om breddegraden.

- Tegn et stjernekort, der viser hvordan man finder Nordstjernen for eksempel ud fra stjernebilledet Karlsvognen, og hvordan man fra den finder nord nede ved horisonten.

Det er meget vanskeligere at finde ud af, hvor man befinder sig på øst-vest aksen. I dag angiver vi den øst-vestlige position i længdegrader. Der er 360^0 rundt om jorden. Det vil sige, at jorden drejer sig 15^0 på én time. Ved at aflæse hvor mange timer og minutter før eller efter klokken 12 Greenwich-tid solen når sin middagshøjde, kan man beregne hvor langt fra Greenwich man er. Før man fik gode ure, havde man kun sand-ure, men de var ikke pålidelige. Man kunne ikke med sikkerhed finde længdegraden på den måde. Det var vanskeligt nogenlunde sikkert at vide, hvor man var på en øst-vestlig linje. Skulle man afvige fra direkte øst-vestlige kurser, måtte man stadig have landkending – eller lave en usikker beregning ud fra retning, tid og hastighed. Først omkring år 1800 var kronometeret (som uret kaldes i navigationssammenhænge) udviklet til en sådan perfektion, at det kunne bruges overalt i verden – det gik korrekt over flere måneder.

- Hvorfor skal man måle tidspunktet for solhøjden i forhold til Greenwich i London?
- Lav en tegning, der viser princippet i at finde længdegraden ud fra middagssolhøjden og tidsforskydningen i forhold til Greenwich.
- Lav et instrument, der kan måle solhøjden (en simpel sekstant). Forestil dig, at du skal bruge instrumentet på et sejlskib en dag med 3-4 meter høje bølger, hvor du har svært ved at se en horisont!

Opgave 21: Bogøgård-skatten, Museumshuset i Byrum

Historisk kildearbejde

Grüner Nielsen fortæller:

Naar man ser et blaat Lys brænde, betyder det, at noget er gravet ned dér. Man skulle saa kaste Staal paa; Lyset gik ud, og man kunde bagefter finde Skatten.

- Sammenlign beretningen med fortællingen om Bogøgård-skatten, sådan som du kan høre den på Museumshuset i Byrum.
- Hvad er baggrunden for, at en så stor sum penge var at finde på Læsø i slutningen af 1600-tallet?
- Hvad vil du selv gøre med en stor sum penge, som du vil passe på?

Bogøgård-skatten

Faktatekst 19: Kvinden og jorden – Landbruget

Med mændene på havet, bliver det kvindernes job at drive de usle landbrug og få tingene til at hænge sammen derhjemme. Og det gør de så. Selvom udbyttet er begrænset, er arbejdsindsatsen stor: Kvinderne pløjer, sår og høster. De røgter dyrene, muger ud og malker. De graver tørv og henter brænde. De bager og laver oste. De karter, spinder og strikker af fårenes uld. De væver klæde og syr tøj. De spænder for og kører vognene. Jo, på Læsø er det kvinderne, der arbejder. Lidt chokeret skriver Pontoppidan i Danske Atlas fra 1768:

Kvinderne forretter alt landarbejdet, ja når mand og kone age til kirke, da kører konen for manden, som sidder bag i vognen.

Agerdriften

Det vigtigste er at dyrke jorden. Men den er sandet og kan kun tilsås 4-5 år i træk og må så ligge brak i 5-6 år. Ofte kan øen ikke brødføde sig selv med korn, men må købe det andre steder i landet.

Med til at gøre jorden dårlig er også en udpræget mangel på gødskning. Der mangler jo træ til brændsel. Så man må samle ko-kager fra udmarken, tørre dem og bruge dem som brændsel. Hvad der således går op i røg, får jorden ingen glæde af.

Vand er også et problem. Enten er der for lidt af det, og så tørrer jorden ud og intet kan gro der. Eller også er der for meget af det, så afgrøden ødelægges. Enten er jorden for tør og sandet, eller også står den under vand!

Løsningen er at koncentrere afgrøderne på få og små indmarker og så lade dyrene græsse på de ikke-dyrkede udmarker. Indmarkerne kaldte man 'haver'. Ordet genfindes endnu i dag i stednavne som Storhaven og Svinehaven.

Indtil omkring år 1800 pløjede man med hjulplov. Det er et meget tungt redskab, der skal trækkes af mange par heste. Man pløjer derfor i fællesskab. Hver gård stiller med to heste med seletøj og en hammel, der kan kobles sammen med andre hamler. Da pigerne fra hver gård søger at skåne netop sine heste, skal der bruges ekstra mange for at få trækkraft nok! Alligevel synes pigerne, at det er en festdag!

Såningen foregår med håndkraft. Med den ene hånd dannes af forklædet en pose til såsæden, med den anden kastes såsæden ud. Mændene kan eventuelt 'bære til', det vil sige efterfylde forklædet for kvinden.

Det er mandsarbejde at meje kornet. Man benytter karle fra fastlandet – de såkaldte *klunter* – til det arbejde. Kvinderne binder det så i neg og sætter negene i skærver á seks neg. Senere bliver høsten bragt i hus. Også det er kvindernes arbejde.

Tærskning foregår med *plejl* – to stokke af forskellig længde bundet sammen. Ved at banke kornet med den korte stok, slår man kernerne ud af aksene.

Til sidst skal kornet kastes. Det sker fra en rund bakke, en *sold*. De lettere avner blæser bort og tilbage er de tungere kerner.

Det er især rug og byg, man dyrker på Læsø. Derudover lidt vårhvede, samt ærter og kål. Den daglige kost afspejler dette forhold.

Hovedingrediensen i måltiderne er tørt rugbrød, tyndt øl og tørret hornfisk. Måske ét varmt måltid om dagen, der om vinteren består af kogt kål, om sommeren hovedsageligt af mælkevælling. Kød er en sjældenhed.

Dyreholdet

Man holder en del kreaturer, som sommeren igennem går i klitterne mod nord eller på Rønnerne mod syd. Det er børnenes arbejde at være hyrder og, på lange strejfture hen over øen, at holde øje med dyrene. Hver morgen skal dyrene ledes ud til græsningsstederne, og hver aften skal de hjem igen, for at blive malket. Et større kvæghold umuliggøres af de mange heste, der skal bruges foran hjulploven. Hestene spiser den føde kvæget kunne have levet af. Så ofte er det småt med mælk og ost.

Tørvegravning

Der skal slås lyng og graves lyngtørv på Læsø, og det er kvindearbejde. Lyngen kan man slå med en lyng-le, der har kortere og kraftigere blad end en almindelig le.

Lyngtørv betegner rodnettet ned til 10-15 cm dybde. Tørvene bruges først og fremmest til brændsel og til gødskning af indmarkerne.

Til arbejdet bruges den korte og kraftige Læsø-spade. Højre hånd styrer spaden med et greb om håndtaget øverst på skaftet. Venstre hånd griber om skaftet længere nede. Med venstre knæ i vinklen mellem skaft og venstre hånd kan bladet så presses ind under tørven og løfte den op. Tørven rejses op og stilles til tørre nogle dage. Derefter køres den hjem og skal så ligge et års tid for at modnes.

Man kan også bygge diger rundt om indmarkerne med tørvene. Efter nogle år, når de er modnet, kan de så anvendes til gødskning på indmarkerne. De spredes over jorden og pløjes ned.

Tang

At bjærge og hente tang (ålegræs) fra stranden, og senere at tænge med det, er kvindearbejde. Se Faktatekst 16.

Husligt arbejde

Det tærskede og rensede korn skal males til mel, og der skal bages brød af det. Bagningen foregår i den store murede ovn. Den opvarmes med ild på lyngkvas. Da processen er arbejdskrævende bages der ikke så tit – derfor ender man ofte med at spise tørt og muggent brød.

I december skal der slagtes. Alt på grisen skal bruges og enten lægges i saltlage, ryges eller forarbejdes til pølser.

Øl brygger alle på den tid. På Læsø er det også tilladt ved kongeligt privilegium at brænde til eget forbrug, *thi*, som der står, *brændevin må sømanden have*. Et privilegium øen beholder indtil 1851. Da afskaffes det mod en erstatning på 5000 Rigsdaler, som bruges til havnebyggeri i Vesterø.

Bing klager i 1802 i øvrigt over et alt for stort forbrug af kaffe:

Fruentimmerne, ja tillige adskillige Mænd, fornemmelig blandt de mindre Formuende og Fattige, forøder deres Penge og Varhre lige til Klæderne til Kaffe, som her i se senere 20 Aar er bleven ei alene almindelig, men endog til urimelig Ødselhed; thi Kaffe, saa stærk som Lud, drikkes 1, 2, 3 ja 4 Gange om Dagen.

Kvindedragten

Traditionen vil, at dronning Margrete 1. engang strandede på Læsø, sandsynligvis på vej fra Norge – hun var jo gift med den norske konge. Som tak for den hjælpsomhed øens befolkning yder hende efter forliset, skænker hun Læsøs kvinder deres festdragt og gør Læsøboerne til selvejere.

Læsø-dragten

Bing fortæller i 1802 om mændenes forkærlighed for den hollandske mode, som de lærer at kende under sejladsen og om kvindernes særprægede festdragt, der også bærer præg af import fra det store udland. Festdragten består af et skørt på 4 meter lagt i læg hele vejen rundt om kroppen. Over det bæres et forklæde. På overkroppen har man en ærmeløs vest holdt sammen af sølvspænder og over den en langærmet trøje med fire eller seks store sølvknapper, *bråserne*. Omkring hoved og skuldre har man et tørklæde, der går under hagen og bliver bundet i nakken. Det holdes på plads af en lille hue. Tørklædet er foldet, så det kan trækkes op foran ansigtet og beskytte mod sandflugten. De mest velhavende har også et sølvbælte omkring livet.

Den megen sølv og de fine uld-, bomulds- og silkestoffer i festdragten bragte mændene med sig fra langfart, til dels vel som en aflad for det lange fravær fra hjemmet og for den beskedne indsats på gården, når de endelig var hjemme.

Skolegang

Den første danske skolelov fra 1739 stadfæster undervisningspligten for alle børn, uanset køn og stand. Det er degnen, der skal stå for undervisningen.

Begrundelsen for loven er kirkelig. Man kan ikke blive konfirmeret uden at kunne læse Bibelen, for det er jo dens lære man skal bekræfte. Og uden konfirmation kan man ikke få borgerlige rettigheder til for eksempel ægteskab.

Det halter dog rigtigt mange steder i landet med at gennemføre loven, sådan som den er tænkt. Dels er degnene ikke altid lige egnede som lærere, dels skal børnene arbejde hjemme på gårdene, og har ikke tid til skolen.

Anderledes på Læsø. Det kvindelige regimente betyder meget for skolegangen på øen; læsekyndigheden og regnefærdigheden er meget højere end andre steder i landet, og selv de fattiges børn har bedre skolegang end mangen rigmandssøn fra de store byer. Kvinderne lægger vægt på den boglige viden og den gode dannelse. Mændene accepterer det, især fordi læse- og regnefærdigheder er nødvendige for at kunne navigere og blive skipper.

Opgave 24: Man må ikke 'overklæde sig'

Jf. Faktatekst 18: Kvinden og jorden – landbruget

I gamle dage var samfundet præget af forskellene mellem høj og lav – mellem de forskellige samfundsgruppers 'stand'. Sømændene, der var meget selvbevidste, gik med støvler, mens bønderkarlene fra Vendsyssel gik i træsko – og blev kaldt *klunter* fordi de lavede kvindearbejde.

Det var vigtigt, at man ikke klædte sig finere, end det éns stand tillod. Det var derfor et privilegium, da Læsø-kvinderne fik lov at bære kongeligt tøj!

- Betyder tøj noget i dag, når man skal vise andre hvem man er?
- Er der nogle tøjmærker, du foretrækker at gå med fremfor andre?
- Er der trøjer fra bestemte fodboldklubber du hellere vil gå med end trøjer fra andre klubber?

Læsø-kvinde malet af Michael Ancher. Læsø Museum

Faktatekst 20: Museumsgården

Jf. Faktatekst 19: Kvinden og jorden

Hjemstavnsgården har til huse i en gammel firelænget tangklædt gård mellem Byrum og Bangsbo. Gården fremstår som et meget smukt eksempel på denne helt specielle læsøske arkitektur.

Gården kan trække sine aner tilbage til før 1662, men har nok ændret udseende i tidens løb. Blandt andet findes der en del munkesten i stuehusets vægge, som sandsynligvis stammer fra Hals Kirke og altså må være fra tiden efter 1730. En del træværk må også være skiftet ud i årenes løb, og da gerne med strandingstømmer. Således er gulvet i brødkammeret lavet af skibstømmer med store naglehuller.

Da gården blev erhvervet i 1938 af en komite, senere Museumsforeningen, var dens sidste beboer, Sine Krogbæk på 72 år, endnu i live. Hun blev boende på aftægt på gården indtil sin død i 1949, og virkede i de år som kustode i sit eget barndomshjem. Til Nationalmuseets Etnografiske Undersøgelser fortalte hun meget om livet på de gamle læsøgårde, om arbejdet i marken og i huset og om dagligliv og fest.

Gården lukker sig lunt og trygt omkring den brolagte gårdsplads med vippebrønden i midten. Herinde er der læ for den stadige vind, der fejer hen over det lave Læsø. Mod nord ligger stuehuset med den fornemme men sjældent brugte storstue, med dagligstue og dagligkammer, med køkken, bryggers, vævestue og tømrerstue. I de pæne rum er der paneler på væggene og gode, solide møbler; borde, bænke, skibskister og skabe. Alkover finder man i flere af stuerne.

Stuen

I det store køkken blev maden tilberedt over åben ild. Gryder og potter hang i kedelskeder over ilden. Pander og deslige måtte stå på en trefod. Fra ildstedet er der adgang til bilæggerovnene i dagligstuen og -kammeret; det var fra køkkenet man fyrede de to rum op. Den pæne storstue er uden opvarmningsmulighed, mens vævestue og tømrerstue også har bilæggere med adgang fra det lille køkken.

I bryggerset er den store bageovn muret op. Heri blev der bagt brød hver anden uge, og heri tørrede man den strandingskaffe, man kunne finde på havet eller strandene.

Bageovnen

Det er også i bageovnen, den spirede byg blev tørret til malt, inden ølbrygningen i gruekedlen af kobber ved siden af kunne begynde.

Gruekedlen af jern blev brugt til tøjvask og til slagtning af dyr.

Gruekedlerne

Det er også i bryggerset, man kærnede smør – hvis man da ikke brugte al fløden i kaffen!

Mellem den nordlige og den østlige fløj var der oprindeligt en smal smøge. Den er nu lukket, og længerne er bygget sammen. Den østlige længe indeholdt tidligere vognport og lynghus til opbevaring af de enorme mængder lyng, man brugte til brænde i ovne og til opvarmning af huset. Gåsestuen er i dag inddraget til udstillingslokaler og depotrum. Her viser museet blandt andet kvindernes læsødragter og en del sølvsmykker til samme.

Den sydlige længe af gården var dels fåresti og stald for heste og kreaturer. Der var kun plads til tre-fire køer og lige så mange heste. Og der var lo og lade til kornet. Kornet blev tærsket med plejl og senere kastet i vinden i et sold, så de lette avner blæste fra kernerne.

Stubmøllen

Udenfor gården står der, ligesom i gamle dage, en lille stubmølle. På Læsøkortet fra 1786 er der med en speciel signatur angivet møllernes placering – og der var mange! Bing opgør i 1802 møllernes antal til at være 72, eller knapt en tredjedel af gårdenes antal. Møllerne brugte man til formaling af kornet til mel.

Opgave 25: Kvinden og jorden – Mad og drikke

Jf. Faktatekst 19 og 20

Det daglige brød

I dag spiser de fleste mennesker i Danmark meget forskellig mad i løbet af dagen og i løbet af ugen – og fra uge til uge. Sådan var det ikke på Læsø for over 200 år siden. Birkedommer Bing beskriver Læsøboernes madvaner i 1802:

Den daglige Føde blandt Beboerne i Almindelighed, bestaar fornemmelig i Rugbrød, hvortil spises tørre Flynder og vindtørret, til dels røget Hornfisk og tørre Sild. Sielden og aldrig mere end en Gang om dagen bruges varm Mad, som er om Vinteren Kaal, undertiden Erter med lidt Kiød, og om Sommeren Melkevelling og Melkegrød; men de fleste, især Fattige, leve som sagt ikkum af tør Kost, hvortil de drikke Vand eller tyndt Øl, og Mandfolkene Brendeviin.

- Udfyld skemaet med det du har spist den sidste uge.
- Hvordan tror du, det har været at leve af den traditionelle Læsø-mad år ud og år ind?
- Hvordan tror du Læsøboernes sundhedstilstand har været? Har de oplevet mangelsygdomme på grund af ernærings-forkert kost?

Læsø	Morgen: Kaffe Frokost: Rugbrød og tørfisk Middag: Grød/vælling, rugbrød og tørfisk Eftermiddag: Kaffe Sen eftermiddag: Rugbrød og tørfisk, evt. lidt smør og ost Aftensmad: Kål kogt med lidt røget flæsk og kartofler. Kaffe
Mandag	
Tirsdag	
Onsdag	
Torsdag	
Fredag	
Lørdag	
Søndag	

Fra jord til bord – dengang og nu

Når vi i dag handler ind og laver mad, tænker vi på det som en lineær proces med få trin fra supermarkedets køledisk over tilberedningen i køkkenet til serveringen på middagsbordet.

Det var anderledes i gamle dage. Dengang skulle man dyrke markerne for at få korn til brød og foder til husdyrene. Kornet skulle males til mel og bages. Dyrene skulle slagtes før jul og kødet skulle ryges eller saltes. Fiskeriet var sæsonbetonet. Forløbet fra jord til bord var cirkulært – evige gentagelser fra dag til dag og fra år til år – og med mange del-processer.

- Lav med udgangspunkt i de forskellige Faktatekster et årshjul for landbrugsarbejde og fødevareproduktion.
- Hvordan konserverede og opbevarede man mad i gamle dage – og nu?
- Alle bryggede øl i gamle dage. Hvorfor var øl så vigtig en del af kosten?
- Fotografer relevante genstande og redskaber du ser på Museumsgården, og beskriv med dine egne ord forskellige redskaber fra dengang til i dag.
- Sæt det hele sammen til en stor planche, der kan hænge i klassen.

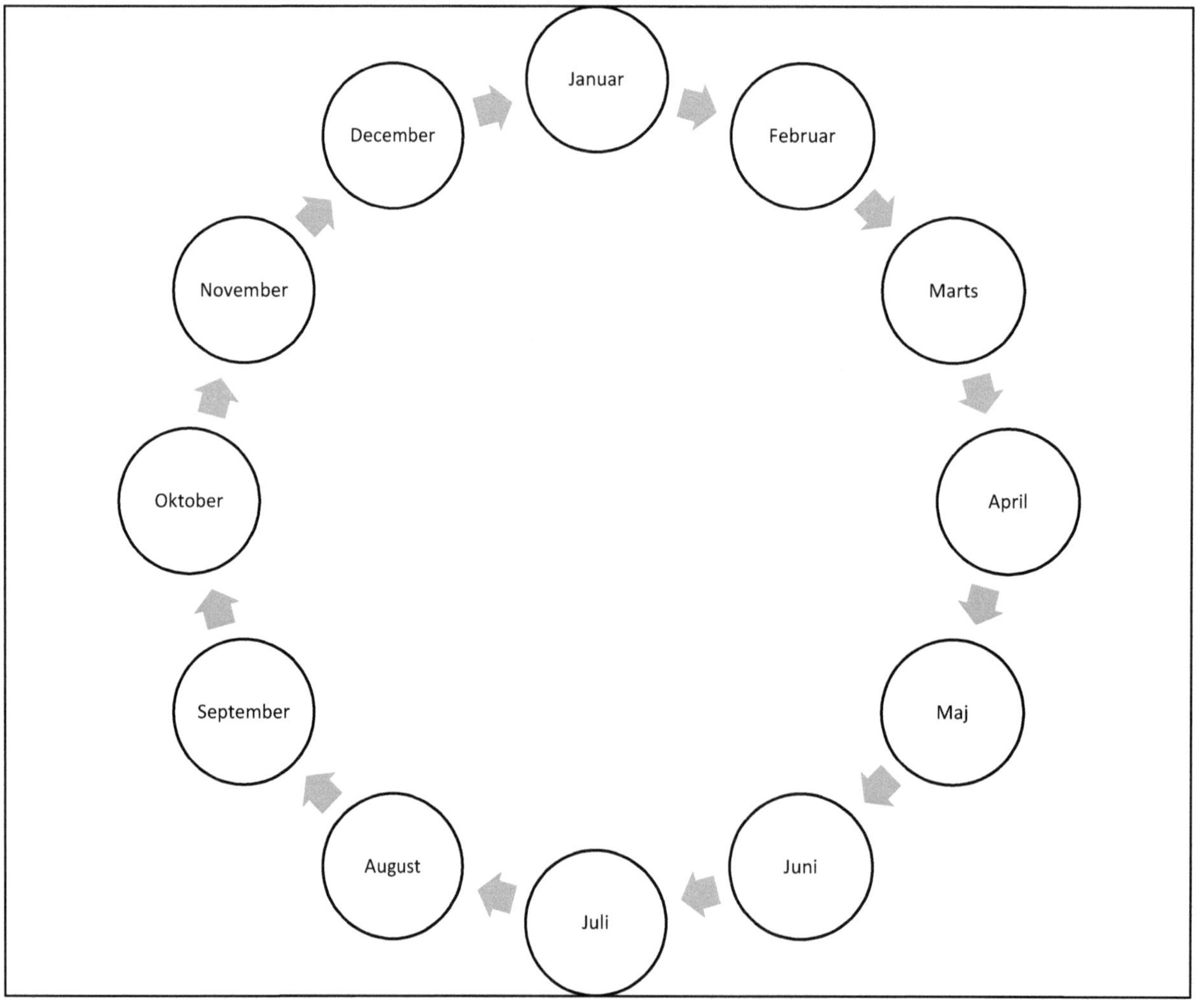

Faktatekst 21: Fiskeri

Fiskernes teltlejr

Det lave vand og de mange revler omkring Læsø, der er stærkt medvirkende til at skuderne forsvinder, gør også fiskeriet ringe på trods af rige fiskefelter i Kattegat. Når man skal vade mange kilometer for at komme ud til jollerne, og lige så langt tilbage igen med garn og fangst, ja så begrænser det sig selv.

Alligevel fiskes der fra Læsø. Det er især de lidt ældre mænd, der fisker – dem der er gået i land efter år på søen.

Det største fiskeri er efter hornfisk først på sommeren. Den bliver taget i vod eller med bundgarn sydøst for Hornfiskrøn. Derude, godt 5 kilometer fra land, ophører de lavvandede vader, og en havskrænt danner overgangen til det rigtige hav. Ved denne havskrænt opholder fiskerne sig de hektiske uger, mens fiskeriet står på. Over de lidt større joller rejser de telte og hele bådlejre vokser frem.

En stor del af fangsten sælges direkte til opkøbere på både fra andre havne, fra Sverige, Sæby eller København, og kommer aldrig ind til Læsø.

Opgave 26

Opgave 26: Hornfisk og ungarbejde

Historiebrug: Eleven kan forklare samspil mellem fortid, nutid og fremtid.

Jf. Faktatekst 21

Den fisk, der skal gemmes til vinterforråd, hentes ind til øen i hestevogn. Det er ofte de unge pigers job. En gammel, nu for længst afdød tante i familien, der tjente på en gård i det første årti af det tyvende århundrede, fortalte:

Jeg kørte hestevognen helt ud til kanten af dybet. Langs havskrænten mødte jeg de tungt lastede joller. Jollerne blev fortøjet til vognen, og fisken losset direkte fra jollerne op i vognen. Men på grund af den bløde undergrund måtte hestevognen hele tiden være i bevægelse, for ikke at synke ned i mudderet og sidde uhjælpeligt fast. Derefter gik det tilbage igen gennem det lave vand. Det meste af fisken blev tørret i vinden og kunne holde sig hele vinteren.

- Undersøg reglerne for ungarbejde i dag.
- Kan den gamle praksis tillades i dag? Hvorfor/hvorfor ikke?

Faktatekst 22: Levevilkår omkring år 1800

Levevilkårene på Læsø har altid været noget specielle og ofte adskilt sig fra levevilkår andre steder i landet. I saltudvindingstiden var landbruget af mindre betydning, mens saltsydningen udviklede sig til en storindustri. Noget tilsvarende gør sig gældende i de efterfølgende århundreder, hvor mændene sejler, først på egne skuder rundt i Kattegat, senere forhyret i den internationale skibsfart. Landbruget er fortsat lavt prioriteret; det er kvindernes område. Mændene er hjemme i en kort periode i vintermånederne, ellers sejler de. Det betyder en særlig årscyklus, med et intenst socialt liv fra december til februar med deraf følgende samtidige vielser, og fødsler først på efteråret. Det er situationen næsten op til år 1900.

Da birkedommer Bing i 1802 laver sin beskrivelse over Læsø, finder han husene både smukke og hyggelige inden døre. De er store med mange rum og værelser. Væggene har paneler, og der er gode møbler, ofte hentet fra fjerne egne af sømænd på langfart. Også det megen strandingsgods, der lander på øen, sætter sit præg på husene. Alt træværk, alle døre og vinduer er hentet fra strandede skibe. Også dét har sammenhæng med den særlige kønsrollefordeling, der er på Læsø på den tid. For mens landbruget ligger langt under mændenes værdighed, er de håndværksmæssige kunster i højsædet. Særlig tømrer- og snedkeriet. Så i de fleste gårde er der indrettet såkaldte tømrerstuer, med indbyggede bilæggerovne, så de er varme om vinteren, når mændene er hjemme, og med et stort og godt sortiment af hjemmegjort værktøj.

Et halvt århundrede senere er det distriktslæge Rasmussens tur til at beskrive leveforholdene på Læsø. Han er noget mere negativ. Husene er, siger han, for dårligt ventilerede og alt for opvarmede. Den dårlige luft inden døre, mener han, er direkte sundhedsskadelig. Det samme er fugten fra jorden. De fleste huse er bygget direkte på jorden og er derfor meget klamme. Ja, hos enkelte er det endda almindeligt, at vandet står ind i stuerne forår og efterår. Så lægger man nogle tørv derind, som man kan bruge til at træde på og bekymrer sig i øvrigt ikke mere om den ting!

Husenes dårlige standard og mangel på hygiejne, anslår han som en stærkt medvirkende faktor til den høje børnedødelighed på øen.

Dagligstuen med de to alkover.

Rasmussen, der skriver omkring 1858, er heller ikke imponeret over kvindernes påklædning. Lige så storslået deres festdragt er, med hovedklæde og sølvindsnøret livstykke, lige så håbløs er dens hverdagsudgave. Kvinderne er barbenede, når der ikke ligefrem er sne på jorden. Om sig har de en kold skind-rok, en nederdel, uden noget under, og på overkroppen en kortærmet bomuldsskjorte. Kun om hovedet er de godt påklædt, alt for godt påklædt. For de bruger samme type hovedklæde som til festdragten, uanset vejr og temperatur. Det skærmer for sol og frisk luft, og giver den attråede blege teint.

Mændenes lediggang i vintermånederne er heller ikke befordrende for et sundt liv. De opholder sig ikke altid i deres tømrerstuer. Ofte tager de sig en dram eller flere i de mange smugkroer, ligesom sædelighed og moral ved de mange legestuer og dansefester godt kunne være højere, mener den gode doktor.

Usædeligheden

Sædelighedsdomme helt tilbage til 1680 registrerer bøder for uægte fødsler på Læsø – og dem er der en del af! Når det er de uægte fødsler, der registreres, betyder det, at det kun er de ugifte kvinder, der pålægges bøder for usædelighed. Gifte kvinder, der får et uægte barn mens manden er på langfart, går fri.

Fædrene er ofte kun kendt ved deres fornavn, at de er kommet til øen som *klunt* eller ved stranding og at de nu har forladt øen igen.

Kvinderne på øen samler ind i fællesskab for at betale bøderne – de anerkender på den måde det frie kærlighedsliv som en naturlig del af tilværelsen.

Det samme kan man sige om mændene. Skulle der være kommet et barn eller to mere i husholdningen, mens de selv har været på langfart i flere år, tager de det med ophøjet ro – til gengæld er de også ret uinteresserede i opdragelsen af næste generation.

Frandsen skriver om Læsø:

I den sidste del af 1780-erne anføres der helt rutinemæssigt 4-5 lejermål[1] hvert år. De findes i kirkebøgerne fra de to sogne og i fuldstændig overensstemmelse hermed i justitsprotokollen. Alle mødrene er ugifte og meget fattige, og "mændene" betaler for dem 4 mark, i enkelte tilfælde 1 rigsdaler... Fædrene er alle ugifte. De fleste bor på Læsø, men et stigende antal er tjenestekarle fra Vendsyssel.

Dette er IKKE en illustration af usædelighed!

[1] 'Lejermål' er et gammelt ord for samleje udenfor ægteskab – når det kan registreres i form af graviditet og fødsel

Faktatekst 23: Strandinger

En tredje indtægtskilde, ved siden af landbrug og skibsfart, er strandinger. Op gennem det 17., 18. og 19. århundrede udvikler den internationale handel sig meget. Store varemængder sendes rundt i verden med sejlskibe, der ikke altid er så manøvredygtige. Med de mange rev og lavvandede områder omkring øen, ligger Læsø godt til for strandinger. Ja, Bing skriver i 1802, at *strandinger er Læsøboernes bedste og fornemste næringsvej.*

Navnet på havet omkring Læsø – Kattegat – stammer fra 1600-tallet og hentyder også til strandingstiden. Det blev givet af en hollandsk skipper, og betyder det lille hul, gattet, nederst i en ladeport, som katten lige akkurat kan smyge sig igennem. Sådan opfattede søfolk dengang farvandet – som en farlig smøge.

Allerede Jyske Lov fra 1241 fastslår, at vragretten tilfalder kongen, da ingen jo ejer strandene, og de dermed er kongens. Men to år før Jyske Lov har Valdemar Sejr afgivet vragretten på Læsø til Viborg Domkapitel. Det er altså kirken, der indkasserer den skat, bjærgerne må betale af det tjente. En aftale med Hansa-byerne fra 1370 angiver bjærgelønnen til at være 1/3 af skibets ladning. Bjærgeafgiften til kirken er 1/5 af bjærgelønnen.

For Læsøboerne betyder de mange strandinger en lejlighed til at tjene store penge. Historien vil, at man i aftenbønnen på stormvejrsnætter beder Gud om gode strandinger:

Vi ber til Gud for de stakkels sømænd, men er det Herrens vilje at de skal strande, så lad det da ske på vore revler. Ja Vorherre, giv os en god stranding inden i morgen tidlig.

Også andre, mindre heldige, sider ved Læsøboerne kommer frem i den folkelige tradition om strandingerne. Man skal ikke have undset sig for at vildlede de søfarende med lygter hængt om halsen på kreaturerne eller med andre falske fyr. Og moralen ved strandinger er vist heller ikke altid lige god. Kan man presse kaptajnen til at betale en højere bjærgeløn, er det fint. Og kan man få noget i land udenom øvrigheden, behøver man ikke betale bjærgelod af den del.

De tængede huse og den forsvundne skov har også sammenhæng med strandingerne. For det første en mand gør om morgenen, er at bestige mønningen og derfra spejde horisonten rundt efter mulige strandinger. Så er det jo rart, at taget er af en sådan størrelse, at man let og trygt kan gå deroppe, ja at det er så stort, at man kan have en stol stående på tagryggen. Og samtidig er det praktisk, at der ingen skov er på øen, for så man kan overse strandene til alle sider. Så da skoven først var væk, og strandingerne blev flere og vigtigere for Læsøboerne, er de faktisk imod nyplantning og sørger for at holde heden nede, så den ikke af sig selv springer i skov igen.

Når en stranding sker, når skibet *står*, hejses et kurv op i fløjstangen og næsten hele øens befolkning begiver sig afsted til havaristen. Alle må være med, alle må se hvad der sker og alle må have andel i bjærgelønnen.

Hvis skibet er helt, indleder man en forhandling med kaptajnen om bjærgningen, som derefter finder sted. Mandskabet reddes i land, og det samme gør lasten. Hvad der smides overbord for at lette skuden, fisker man siden op med dertil indrettede redskaber. Jo, Læsøboerne er meget specialiserede på dette felt.

Er skibet knust ved strandingen eller knuses det senere, er der driv- og vraggods at samle. Det hele sælges til højestbydende ved en auktion. Mangen Læsøbo har fået en god fortjeneste på tovværk fra vanter, stag og takkelage, der er solgt videre i Aalborg.

En anden god indtægt ved strandinger er de mange overlevende søfolk, som må underholdes i kortere eller længere tid på øen. De fleste gårde har særlige værelser indrettet til udlejning til strandede søfolk, indtil videre rejse er mulig. Og med en forholdsvis fri seksualmoral – dette er jo før den victorianske snerpethed og Missionens tid – og i en periode med et stort kvindeoverskud som følge af mændenes forhyring, betyder de fremmede mænd også nyt blod til øen.

Værre er det med dem, der ikke overlever strandingen. De dukker op som strand-vaskere, eller *sødrukker* som Læsøboerne kalder dem. De giver ophav til megen overtro. Farligst er en sødrukke fra det øjeblik han støder mod land og til han bliver fundet. For han er hvileløs og vil gøre alt for at blive fundet og komme i kristen jord. Som genfærd vil han vise sig for folk eller kalde på dem, og vise hvor han ligger. Det er spøgeriet, der er ubehageligt, ikke det at finde liget og begrave det. Så da det bliver for meget, klager Læsøboerne til præsten, og beder ham indvi havet, som også kirkegården er indviet. Så kan de druknede og Læsøboerne få fred.

At strandingerne er mange og vigtige viser nogle få tal: Fra 1780 til 1800 forekommer der 86 strandinger ved Læsø. Fra 1858 til -88 ikke mindre end 624. Heraf 239 totalforlis.

Stranding

Selv om der tidligere havde været gjort forsøg med varsling over Trindelen, en berygtet grund nordøst for Østerby, er det ikke før i 1829 det første danske fyrskib udlægges ved Læsø. I 1880 bygges der fyr på Nordre Rønner.

Læsøboerne er modstandere af fyr og fyrskibe, for det giver færre strandinger og færre indtægter. Antallet af strandinger falder da også markant efter etableringen af de to fyr.

I klart vejr ses fyret, der står syd i Læsø Rende og hjælper skibe ned gennem sejlruten vest om øen.

Også i dag strander skibe på Læsøs kyster og rev. Nu er det primært lystfartøjer, der forulykker – går på grund, får motorskade og lignende.

Faktatekst 24: Printz Friderich's stranding

Natten mellem den 28. og 29. september i 1780 forliser en af den danske flådes stoltheder, linjeskibet "Printz Friderich", i nærheden af Kobbergrunden sydøst for Læsø. Skibet er for sydgående og beskytter en konvoj af handelsskibe.

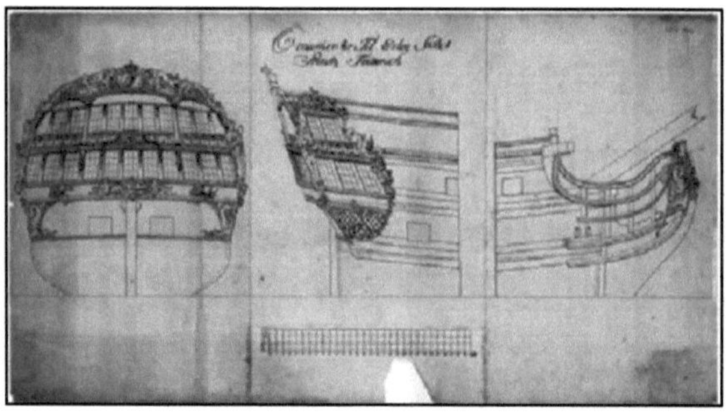

Udsmykningerne for og agter på Printz Friderich

Printz Friderich var en tremaster bestykket med 70 kanoner og en besætning, inkl. soldater, på 667 mand. Skibet var på 2.452 registertons med en længde på 167 fod, en bredde på 45 fod og en dybgang på 20 fod. Rigningen beløb sig til i alt 30 km tovværk mens sejlarealet var på ca. 2.000 m^2. Der var blevet brugt 2.000 store egestammer til bygningen af skibet.

Om eftermiddagen den 28. september planlægger man den videre sejlads ned gennem Kattegat. Navigationen er vanskelig pga. tiltagende vind og dårligt sigt. Man krydser i farvandet mellem Sverige, Læsø og Anholt.

Følgende er uddrag af rapporten fra det efterfølgende søforhør:

Kulingen var en trerebet Mers Sejls og luften ved solens nedgang så tyk og mørk, at man ikke kunne se resten af Escadren, som man dagen igennem havde haft i sigte.

Klokken henimod 11, da vinden og vejret endnu var det samme og meget tykt mørke, bliver efter Ober Styrmandens erindring og Chefens, giver Commandeur Capitaine Louses indhentede ordre befalet at vende. Førend vendingen blev de fornøden manøvre med sejlene giort, men skibet uden at ville lystre Roret rørte i samme øjeblik Grunden, og stødte an.

Roret gik imidlertid fra, men efter nogle minutter drev skibet flot med sejlene bak og 7 á 8 Favne vand. Men inden få minutter stødte Skibet atter på grund og det meget hårdt. Da det blev dag, kunne man først ved at se fra toppen, Læsø Kirke og land blive var, at man stod på den så kaldte Kobber Grund under Læsø. Klokken 8 om morgenen blev en Officer commanderet i land med Travaille Chaluppen for at begære af stedets øvrighed undsætning af folk og fartøjer.

Kulingen tog til af ØSØ. Stødene på grunden blev hårdere og værre end tilforn. Om eftermiddagen så man 4 a 6 både komme sejlende fra land for at lægge op til skibet, men stormen og søen nødte dem at gå tilbage.

Klokken 5 1/2 tiltog kulingen og blev til en flyvende storm der havde sådan magt, at skibet hug immer stærkere i grunden. Da man og blev var, 1 á 2 af skibets planker at drive omkring skibet, sprang en del af det forskrækkede mandskab fra rælingen ned i barkassen og Chefs Chaluppen og flygtede i land. Skibet led imidlertid meget og havde allerede 13 fod vand inde heelt op under banjerne. Det huggede og stødte af og til meget hårdt, og midten gav sig op.

Der blev da besluttet at kappe fok masten. Skibet blev dog ved at hugge så at man hvert øjeblik frygtede at det skulle skilles ad. Klokken henimod 7 tog kulingen af og inden en time bedagede vejret så at skibet står stille uden at støde, men var så fuldt af vand, at intet kunne tænkes på uden at redde folkene. Denne nat blev ligesom vel som forrige ophængt lanterner i stor vantet og mesan vantet. Dag og nat igennem blev skudt jævnlige Nød Skud.

Den 30 September om formiddagen kom 12 á 13 både ud fra land, på hvilke så mange af mandskabet som kunne rømmes i et proportioneret antal af Soldater og Matroser blive transporteret i land tillige med chefen, de øvrige officerer og Cadetterne. En officer blev allene tilbage med den øvrige del af mandskabet. For at afhente disse blev sendt 3 a 4 både. Men som der imidlertid var begyndt at blæse stærkt op kunne ikkun 2 af bådene komme op imod skibet, og da disse ikke kunne modtage alt mandskabet, lod man dem blive liggende. Kulingen tiltog imidlertid og blev til en hård storm, hvorved man nødsagede sig til at kappe Stormasten og Mesan masten. Dette uagtet krængede skibet på bagbord siden i vandet næsten til det øverste batteri. Man mærkede at bunden var i stykker og at intet holdte skibet sammen uden øverste dæks bjælkerne. For at lette skibet fra bagbords side blev 3 a 4 Canoner kastet over bord. I denne farlige forfatning måtte det tilbageblevne mandskab holde ud til næste dags morgen den 2. Oktober, da vejret bedagede så at man kunne få både fra land ud til at afhente disse folk tillige med Officeren.

Efter at folkene var reddet, blev alle optænkelige anstalter gjort for at få skibet af grund, eller når det ikke var muligt, at bjærge mest muligt.

Da mandskabet er reddet i land, går man i gang med at redde hvad reddes kan fra skibet, der nu står vrag. Der lejes pakhuse i Østerby til det der er bjærget; det oplyses "*at pakhus leyen er liden og fragterne til Aalborg paa denne tiid er over haande dyre*".

I løbet af nogle uger sættes det meste af mandskabet over til Sæby eller sejles til København. Kaptajnløjtnant Andreas Petersen Stibolt får befaling om at blive tilbage på Læsø for at lede bjærgningen fra vraget. Stibolt bliver på Læsø indtil september 1781, men han kan ikke lide at være der. I juni 1781 beder han om, *at De høye og naadige Herrer dog vil forbarme sig over mig, at jeg måtte blive afløst fra dette, om jeg må kalde det "hæslige og vederstyggelige land"* (dvs. Læsø).

Stibolt, der er ud af en slægt af flådeofficerer, stilles i øvrigt for en krigsret, da han var med til at rømme fra skibet uden ordre. Han mister sin anciennitet og degraderes.

Strandingen får også et andet efterspil; for den efterfølgende sommer fødes der mindst fire børn på Læsø, hvis fædre kom fra *Printz Friderich* – to af dem var Stibolts tjenere, så helt så hæslig og vederstyggelig var øen vel ikke!

Opgave 27: *Printz Friderich*

Jf. Faktatekst 24: *Printz Friderich's* stranding

- Omregn skibets mål fra fod til meter.
- Mål skibets dimensioner op 1:1 på en stor græsplæne for at få en fornemmelse af dets størrelse – og af hvor tæt mandskabet måtte have levet.
- Der er i rapporten fra søforhøret anvendt en række begreber, som du måske ikke forstår. Lav en liste over dem, og find ud af hvad de betyder. Giver rapporten så mere mening for dig?

Faktatekst 25: Det moderne gennembrud

I de sidste årtier af 1800-tallet sker der store forandringer på Læsø. Mændene vender hjem fra havet og begynder at fiske i Kattegat og at dyrke jorden.

Ændringerne i øens socioøkonomiske forhold falder sammen med et kvindeoprør mod de gamle kønsroller, et oprør i form af en indremissionsk vækkelse. Det er et opgør med mændenes lediggang i vintertiden, med deres druk og deres usædelighed, og det er et opgør med kvindernes 'stavnsbånd' til gårdene og en gammeldags tilværelse. Næsten symbolsk afklæder kvinderne sig den traditionelle læsødragt, som de har båret i århundreder og som nu er lidt af en anakronisme, sælger dens sølv til fordel for Missionen og iklæder sig en almindelig hverdagsdragt efter tidens mode. Det indvarsler den moderne tid på Læsø.

I 1896 får Læsø sit første mejeri på andelsbasis. Og lige efter århundredskiftet begynder opdyrkningen af hedejorden i Nordmarken. Men det er de små og meget traditionelle landbrug, der fortsat præger øen. På Rønnerne græsser gæs, får og kreaturer hele sommeren, for om efteråret at blive solgt til fastlandet for opfedning – for ingen dyr blev fede af at gå på Rønnerne.

Modviljen mod fremskridt og nytænkning er dog stor. Da elektriciteten kommer i 1915, bliver den af mange opfattet som en overflødig luksus. Og mekaniseringen indenfor landbruget bliver set på med mistænksomhed især af daglejerne, der jo ser deres livsgrundlag forsvinde i teknologiske løsninger.

Fast post- og færgeforbindelse til Frederikshavn var en del af nyordningen for Læsø.

En saltvandsindsprøjtning kom imidlertid under Første Verdenskrig. Mangel på mad i Tyskland presser fiskepriserne op i et leje flere gange over normalen. Og pludselig kan man sælge den skidtfisk, der før blot var kastet tilbage i havet. Men de gode tider får en brat afslutning med Tysklands sammenbrud og nederlag.

Mange Læsøboer tager i øvrigt i de første årtier af 1900-tallet konsekvensen af de dårlige forhold på øen og emigrerer til Amerika.

Læsøbo på Amerikadamperen

Faktatekst 26: Læsø under Anden Verdenskrig

Læsø var ligesom resten af Danmark besat af Tyskland fra april 1940 til maj 1945. Der var flere forskellige tyske aktiviteter på Læsø i de år.

En mindre gruppe tyske soldater holdt til i nogle barakker under det røde udsigtstårn i Byrum. Tårnet brugte de som udkigs- og luftmeldetårn. Der var også en radiostation. På skråningen vest for tårnet kan man på én af de store sten se et hagekors mejslet ind, som et minde fra den gang.

Hagekors-stenen under tårnet i Byrum

Tyskerne havde planer om at bygge et forsvarsanlæg på nordkysten af øen – for at forhindre Allierede skibe i at sejle ned gennem Kattegat. For at bringe byggematerialer frem til anlægget anlagde de en lille jernbane fra Vesterø Havn og langs kysten. Fra P-pladsen ved Holtemmen kan man følge sporet mod vest gennem fyrreskoven og mod øst ud over hede-sletten. Der blev også anlagt en smalsporet bane fra grusgraven i Byrum til Storedal. De løb parallelt med Doktorvejen.

I bakkerne lige nord for Vesterø Havn var der en radarstation. Betonfundamentet og nogle stålwirer kan endnu ses. Der var endvidere en del barakker til indkvartering og opbevaring nord for havnen.

Betonfundamenter fra tyskernes lyttepost under Anden Verdenskrig

Opgave 28: Læsø under Anden Verdenskrig

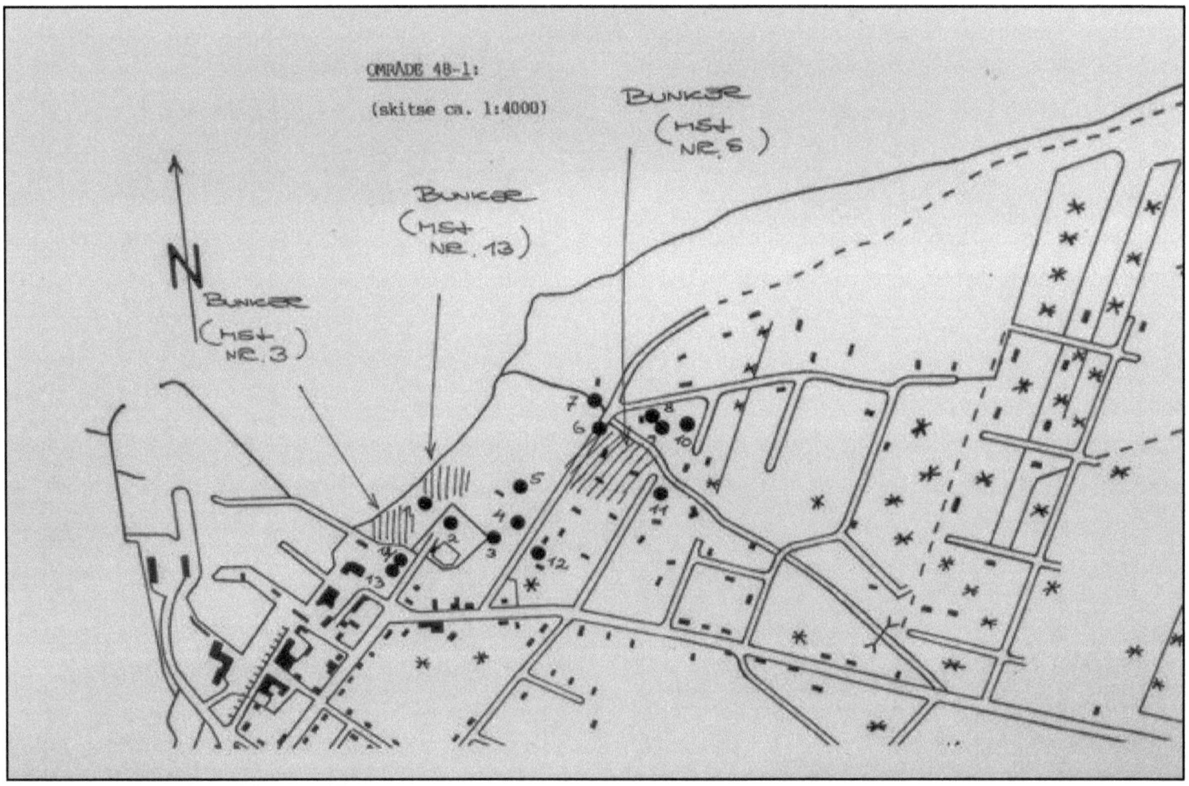

Tyske anlæg nord for Vesterø Havn.

Henvisninger til kortet:

1	Fundament til lyttepost
6	Betonplader, ukendt anvendelse
7	Betonbro
10	Betonplade til lyttepost
11	Betonplade til lyttepost

- Find stenen med hagekorset i Byrum og traceen efter den smalsporede jernbane ved Holtemmen. Se hvor meget du kan finde efter de tyske aktiviteter nord for Vesterø Havn.
- Forklar de forskellige installationers hensigt og anvendelse i forsvaret af Tyskland.

Faktatekst 27: Dagens Læsø

I dag er fiskeriet, landbruget og turismen de vigtigste erhverv på Læsø. Fiskeriet tog sig meget op efter at først havnen i Vesterø og siden den i Østerby blev bygget. Nu kunne Læsøboerne investere i rigtige fiskefartøjer, trawl og forædlingsanlæg på land.

Det er især jomfruhummer, man trawler efter. Læsøfiskerne er specialister på dette fiskeri; de ved præcist hvor hummeren står og kan finde de rigtige fiskepladser fra gang til gang. I deres små både kan de manøvrere tæt på sten og vrag og ned i huller i havbunden, hvor større kuttere må give op.

Landbruget på Læsø har aldrig været noget særligt. Dengang kvinderne var alene om driften, mens mændene sejlede, var øen knap nok selvforsynende med landbrugsvarer. Man skulle tro, det ville ændre sig, når de vidtberejste mænd vendte hjem. De havde jo set, hvordan udviklingen andre steder i verden skred frem, hvordan omstillinger og omlægninger i landbruget førte en sundere økonomi med sig. Men sådan skulle det ikke være. De verdensvante søfolk var meget tilbageholdende, når det gjaldt udvikling og fremskridt på Læsø. Måske var det også de mest fremskridtsvenlige og stræbsomme, der drog til Amerika, mens de mere mådeholdende af natur blev på øen?

Man skal helt op til tiden efter 1945, før tingene begynder at tage fart. Tvunget af den almindelige udvikling i samfundet begynder en mekanisering, der efterhånden gør Læsø-landbrugene til lige så moderne bedrifter som gårde andre steder i landet.

Med øens nære tilknytning til havet og fiskeriet voksede minkavlen også til et ganske betydeligt omfang. Mink spiser industrifisk, de skidtfisk der ikke kan sælges til konsum, og er således uafhængige af jordens bonitet og det almindelige landbrugs afkast. En typisk udkantsnæring, der har været en medvirkende årsag til den fortsatte beboelse på øen. Minkavlen stoppede dog brat i november 2020 på grund af corona-epidemien.

Som et øsamfund har Læsø en del specielle problemer at slås med. Alle forsyninger må sejles fra fastlandet. Skal man på sygehuset, skal man til fastlandet og skal det gå hurtigt bliver det med helikopter.

Mere mærkbart er det, at al undervisning udover folkeskolen må foregå udenøs. Det betyder, at mange unge, der andre steder i landet bliver boende hjemme endnu et par år, må flytte hjemmefra og bo på skolehjem eller kollegier. Det er ikke altid lige sjovt. Og måske påvirker det frafaldsprocenten, så flere end ellers ikke gennemfører en påbegyndt uddannelse. Samtidig er det et forhold, der let fører til affolkning af øen.

Og for dem, der vælger at blive tilbage på Læsø, eller vender hjem til øen uden at have fuldført en uddannelse, måske netop fordi det var for vanskeligt at skulle flytte til fastlandet, er der ikke mange muligheder. Landbrug, håndværk eller fiskeri, forretninger, de sociale områder og turisme er næsten de eneste beskæftigelsesmuligheder.

Opgave 29: Tidslinje

Historisk kronologi og sammenhæng

Jf. Faktatekst 11 – 26

- Lav en tidslinje over Læsøs historie de sidste 1000 år. Fordel århundrederne jævnt, og noter de vigtigste naturmæssige og menneskeskabte begivenheder på tidslinjen.

Opgave 30: Egnsbeskrivelse for Læsø

- Du skal lave enten en faglig beskrivelse om eller en skønlitterær beretning fra Læsø på et selvvalgt tidspunkt i historien.
- Det betyder, at du skal bruge al den viden du har fået om Læsø, således at du kan inddrage både oplysninger om naturen og om menneskeskabte hændelser, levevilkår, arbejdsprocesser og meget andet.
- Om I skal arbejde individuelt eller i grupper, må I afgøre sammen med jeres lærer.
- Egnsbeskrivelserne skal I fremlægge for jeres forældre, så de skal se og høre, hvad I har fået ud af jeres lejrskole på Læsø.
- I vælger selv jeres medium, og hvordan I ønsker at fremlægge jeres arbejde.

Udvalgte bøger om Læsø

- Bing, Lars Hess (1802/1977): *Beskrivelse over Læsø*. Rosenkilde og Bagger.
- Frandsen, Karl-Erik (2019): *Liv, sex og død – Befolkningen i Sæby og på Læsø i 1700-tallet med særligt henblik på epidemier og usædelighed*. Kystmuseets Forlag.
- Friis, Achton (1981): *De Danskes Øer. Læsø*. Grafisk Forlag.
- Grüner Nielsen, H. (1924): *Læsøfolk i gamle dage*. Danmarks Folkeminder nr. 29. Det Schønbergske Forlag.
- Hansen, Jens Morten (2018): *Læsø – øen med vokseværk. Forhistorie, opståen, kystdannelse, landskaber, vegetation og saltforekomster*. Eget forlag
- Stoklund, Bjarne (2018): *Læsø Land. Økologi og kultur i et øsamfund 1550-1900, I-II*. Museum Tusculanums Forlag.
- Trap Danmark (2017): *Læsø*. Trap Danmark A/S

MIX
Papir fra ansvarlige kilder
Paper from responsible sources
FSC® C105338